RaumFragen: Stadt – Region – Landschaft

Reihe herausgegeben von
Olaf Kühne, Eberhard Karls Universität Tübingen, Tübingen, Deutschland
Sebastian Kinder, Eberhard Karls Universität Tübingen, Tübingen, Deutschland
Olaf Schnur, Research, c/o vhw Bundesverband e. V., Berlin, Deutschland

RaumFragen: Stadt – Region – Landschaft

Im Zuge des „spatial turns" der Sozial- und Geisteswissenschaften hat sich die Zahl der wissenschaftlichen Forschungen in diesem Bereich deutlich erhöht. Mit der Reihe „RaumFragen: Stadt – Region – Landschaft" wird Wissenschaftlerinnen und Wissenschaftlern ein Forum angeboten, innovative Ansätze der Anthropogeographie und sozialwissenschaftlichen Raumforschung zu präsentieren. Die Reihe orientiert sich an grundsätzlichen Fragen des gesellschaftlichen Raumverständnisses. Dabei ist es das Ziel, unterschiedliche Theorieansätze der anthropogeographischen und sozialwissenschaftlichen Stadt- und Regionalforschung zu integrieren. Räumliche Bezüge sollen dabei insbesondere auf mikro- und mesoskaliger Ebene liegen. Die Reihe umfasst theoretische sowie theoriegeleitete empirische Arbeiten. Dazu gehören Monographien und Sammelbände, aber auch Einführungen in Teilaspekte der stadt- und regionalbezogenen geographischen und sozialwissenschaftlichen Forschung. Ergänzend werden auch Tagungsbände und Qualifikationsarbeiten (Dissertationen, Habilitationsschriften) publiziert.

Reihe herausgegeben von
Prof. Dr. Dr. Olaf Kühne, Universität Tübingen
Prof. Dr. Sebastian Kinder, Universität Tübingen
PD Dr. Olaf Schnur, Berlin

SpaceAffairs: City – Region – Landscape

In the course of the "spatial turn" of the social sciences and humanities, the number of scientific researches in this field has increased significantly. With the series "RaumFragen: Stadt – Region – Landschaft" scientists are offered a forum to present innovative approaches in anthropogeography and social space research. The series focuses on fundamental questions of the social understanding of space. The aim is to integrate different theoretical approaches of anthropogeographical and social-scientific urban and regional research. Spatial references should be on a micro- and mesoscale level in particular. The series comprises theoretical and theory-based empirical work. These include monographs and anthologies, but also introductions to some aspects of urban and regional geographical and social science research. In addition, conference proceedings and qualification papers (dissertations, postdoctoral theses) are also published.

Edited by
Prof. Dr. Dr. Olaf Kühne, Universität Tübingen
Prof. Dr. Sebastian Kinder, Universität Tübingen
PD Dr. Olaf Schnur, Berlin

Weitere Bände in der Reihe http://www.springer.com/series/10584

Sandra Hook

Einführung in die Regenerative Energiewirtschaft

Sandra Hook
Freiburg, Deutschland

ISSN 2625-6991　　　　　　ISSN 2625-7009　(electronic)
RaumFragen: Stadt – Region – Landschaft
ISBN 978-3-658-22415-8　　　ISBN 978-3-658-22416-5　(eBook)
https://doi.org/10.1007/978-3-658-22416-5

Die Deutsche Nationalbibliothek verzeichnet diese Publikation in der Deutschen Nationalbibliografie; detaillierte bibliografische Daten sind im Internet über http://dnb.d-nb.de abrufbar.

Springer VS
© Springer Fachmedien Wiesbaden GmbH, ein Teil von Springer Nature 2019
Das Werk einschließlich aller seiner Teile ist urheberrechtlich geschützt. Jede Verwertung, die nicht ausdrücklich vom Urheberrechtsgesetz zugelassen ist, bedarf der vorherigen Zustimmung des Verlags. Das gilt insbesondere für Vervielfältigungen, Bearbeitungen, Übersetzungen, Mikroverfilmungen und die Einspeicherung und Verarbeitung in elektronischen Systemen.
Die Wiedergabe von allgemein beschreibenden Bezeichnungen, Marken, Unternehmensnamen etc. in diesem Werk bedeutet nicht, dass diese frei durch jedermann benutzt werden dürfen. Die Berechtigung zur Benutzung unterliegt, auch ohne gesonderten Hinweis hierzu, den Regeln des Markenrechts. Die Rechte des jeweiligen Zeicheninhabers sind zu beachten.
Der Verlag, die Autoren und die Herausgeber gehen davon aus, dass die Angaben und Informationen in diesem Werk zum Zeitpunkt der Veröffentlichung vollständig und korrekt sind. Weder der Verlag, noch die Autoren oder die Herausgeber übernehmen, ausdrücklich oder implizit, Gewähr für den Inhalt des Werkes, etwaige Fehler oder Äußerungen. Der Verlag bleibt im Hinblick auf geografische Zuordnungen und Gebietsbezeichnungen in veröffentlichten Karten und Institutionsadressen neutral.

Springer VS ist ein Imprint der eingetragenen Gesellschaft Springer Fachmedien Wiesbaden GmbH und ist ein Teil von Springer Nature.
Die Anschrift der Gesellschaft ist: Abraham-Lincoln-Str. 46, 65189 Wiesbaden, Germany

Inhaltsverzeichnis

1	**Einleitung und Begriffe**	1
	1.1 Energieträger	2
	1.2 Energiebereiche	4
	Literatur	7
2	**Beschaffung von Energie**	9
	2.1 Fossile Rohstoffe	11
	2.2 Mineralische Rohstoffe	21
	2.3 Erneuerbare Energieträger	23
	2.4 Zusammenfassung	32
	Literatur	32
3	**Umwandlung von Energie**	33
	3.1 Aufbereitung fossiler und nuklearer Energieträger	33
	3.2 Aufbereitung Erneuerbarer Energieträger	36
	3.3 Entstehung von Wärme	38
	3.4 Entstehung von Strom	48
	3.5 Entstehung von Mobilität	98
	3.6 Zusammenfassung	107
	Literatur	108
4	**Verteilung von Energie**	113
	4.1 Stromnetz	113
	4.2 Erdgasnetz	128
	4.3 Fernwärmenetz	129
	4.4 Kraftstoff ‚netz'	130
	4.5 Zusammenfassung	133
	Literatur	133
5	**Klimawandel und Paradigmenwechsel in der Energiewirtschaft**	135
	5.1 Internationale Klimaschutzpolitik	135
	5.2 Instrumente für den Klimaschutz	137

5.3	Zielvereinbarungen für den Klimaschutz	140
5.4	Das Erneuerbare-Energien-Gesetz (EEG)	142
5.5	Exkurs: Stromhandel	144
5.6	Zusammenfassung	150
	Literatur	151

6 Fazit 153
  Literatur 154

A Klausurfragen 155

Einleitung und Begriffe 1

Energiewirtschaft als komplexer Wirtschaftszweig im Spannungsfeld von Ressourcen-*beschaffung, Umwandlung* von Energie und deren *Verteilung,* unterwirft sich im klassischen Sinne geologischen, geopolitischen und technischen Gesetzmäßigkeiten. Sie umfasst alle Einrichtungen und Handlungen, die das Ziel verfolgen, die Versorgung von Privathaushalten und Betrieben aller Art mit Energieträgern wie z. B. Erdgas, Benzin, Diesel, Heizöl, Kohle, Holz oder elektrischer Energie sicherzustellen (vgl. Werner 2006). Die klassische oder konventionelle Energiewirtschaft, die sich hauptsächlich auf fossile und zum Teil nukleare Energieträger stützt, ist Grundlage von Entwicklung und Wohlstand in unserer modernen Gesellschaft. Vor allem im Strombereich ist sie zentralistisch organisiert, mit wenigen sehr großen Kraftwerken. Analog hierzu versteht sich die regenerative Energiewirtschaft als solche, die sich auf erneuerbare Quellen stützt, dementsprechende Strukturen aufbaut, sowie Entwicklung und Wohlstand besser bzw. nachhaltiger verteilt. In Deutschland bedeutet das vor allem für den Strombereich eine Dezentralisierung in der Versorgung mit vielen kleinen und unterschiedlichen Kraftwerkstechnologien.

Auslöser eines Wandels in der Energiewirtschaft ist nicht nur die maßgeblich begrenzte Verfügbarkeit der fossilen und nuklearen Rohstoffe mit ihren assoziierten Problemen. Vielmehr sind es die lebensbedrohlichen Umweltveränderungen und insbesondere der Klimawandel, der ein Umlenken in der Energiewirtschaft forciert. So erkennt die Weltgemeinschaft, bis auf einige Ausnahmen, seit dem 20. Jahrhundert den Zusammenhang von anthropogen erzeugten Treibhausgasen und eines rapiden Anstieges der Durchschnittstemperaturen weltweit an. Dieser viel zu schnelle Anstieg der Temperatur bringt dramatische Veränderungen für unser Leben mit sich, weshalb sich die Weltgemeinschaft in internationalen Übereinkommen für ein extremes Gegensteuern bei Ausstoß der anthropogenen Treibhausgasemissionen entschieden hat. Die Dominanz der fossilen Rohstoffe und die unausweichliche Entstehung von Kohlendioxid bei ihrer Verbrennung machen die Energiewirtschaft und deren Dekarbonisierung zum Kernstück dieses Gegensteuerns. Die etablierte Weltordnung kommt durch einen Umbau der klassischen Energiewirtschaft hin zu einer regenerativen komplett ins Wanken. Deshalb gestaltet sich dieser Umbau aufwendiger, als es sich aus der Logik der Erneuerbaren Energien ergibt. Die Einfachheit eines regenerativen Energiesystems lässt sich bereits aus dem faktischen ‚Nicht-Vorhanden-Sein' der Problematik Ressourcenbeschaffung und somit einer Entkopplung von geologischen und geopolitischen Rahmenbedingungen, sowie genereller Verfügbarkeit ableiten. Diese simple Feststellung lässt sich im Folgenden durch eine Gegenüberstellung der nicht regenerativen (fossil und mineralisch bzw. nuklear) und der regenerativen (erneuerbaren) Energieträger, sowie den daraus resultierenden Umwandlungs- und Verteilungsprozessen einfach ableiten.

1.1 Energieträger

Wie in jedem Wissensgebiet bedient sich auch die Energiewirtschaft etablierter Fachbegriffe. Diese tauchen oft in den offiziellen Statistiken auf und sorgen für Verwirrung im öffentlichen Diskurs. Denn ihre Inhalte erschließen sich nicht selbstredend und sind für ein grundsätzliches Verständnis der Materie unerlässlich. Insbesondere die Definition und Unterscheidungen bei Energieträgern und innerhalb der Energiebereiche soll den weiteren Ausführungen vorausgeschickt werden.

Eine zentrale Rolle innerhalb der Energiewirtschaft kommt den sogenannten Energieträgern zu. Hierunter versteht man alle Quellen beziehungsweise Stoffe, in denen Energie mechanisch, thermisch, chemisch oder physikalisch gespeichert ist. Aus Energieträgern kann direkt oder durch Umwandlung Energie gewonnen werden. Unterschieden werden *Primär- und Sekundärenergieträger.*

Bei *Primärenergieträgern* handelt es sich um Energieträger, die keiner Umwandlung unterworfen wurden. Dies sind Stein- und Braunkohle (roh), Hartbraunkohle, Erdöl, Erdgas, Grubengas, erneuerbare Energieträger, sowie Kernenergie. Hier wird bereits entschieden, ob es sich um nicht-regenerative (konventionelle Energien) oder regenerative Energieträger (Erneuerbare Energien) handelt. Der Bedarf für Deutschland stellt sich in Abb. 1.1 dar.

Sekundär- oder Endenergieträger (wie die Bundesstatistik sie gerne nennt) sind Energieträger, die aus Umwandlung von Primärenergieträgern entstehen (vgl. Abb. 1.2). Dies sind alle Stein- und Braunkohleprodukte sowie Mineralölprodukte, Gichtgas, Konvertergas, Kokerei-/Stadtgas, Strom und Fernwärme (Glossar zu den Umweltökonomischen Gesamtrechnungen der Länder, Stand: Oktober 2008).

1.1 Energieträger

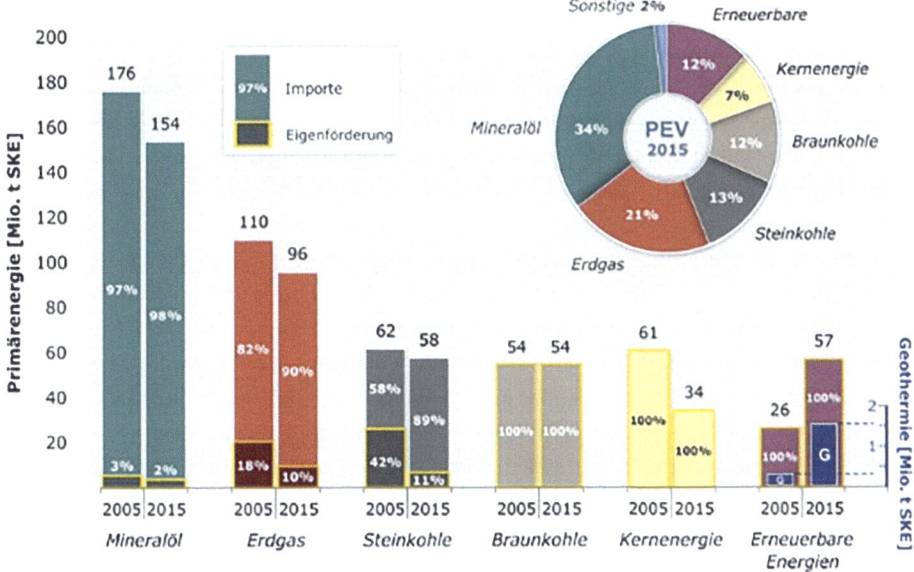

Abb. 1.1 Primärenergieträger Deutschland 2005 und 2015. (Quelle: BGR 2016, S. 16)

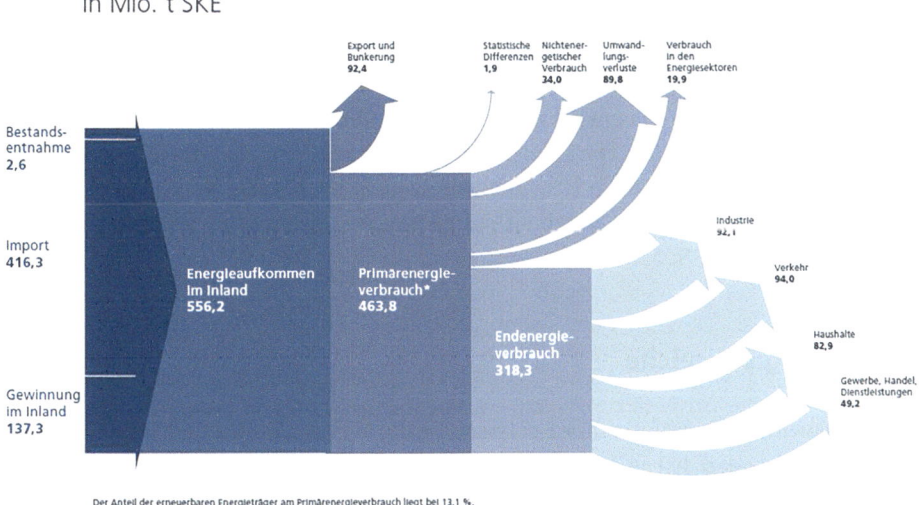

Abb. 1.2 Energieflussbild Deutschland. (Quelle: AG Energiebilanzen 2018)

Normiert sind sie jeweils nach ihrem Energiegehalt bzw. Heizwert. In deutschen und mitteleuropäischen Statistiken sind das Steinkohleeinheiten (SKE) (vgl. Abb. 1.2) und damit 7000 kcal Energie pro kg verbrannter Steinkohle. International wird die Rohöleinheit (RÖE) benutzt. Sie entspricht einem Heizwert von 10.000 kcal, also umgerechnet 1,428 SKE.

Neben der grundsätzlichen Unterscheidung in ‚nicht-erneuerbare' und ‚erneuerbare' Energieträger, welches die Regenerationsfähigkeit innerhalb eines für uns Menschen überschaubaren Zeitraumes angeht, unterscheidet man innerhalb der ‚nicht erneuerbaren' in fossile und mineralische Energieträger bzw. -rohstoffe. Fossile Energieträger bestehen aus abgestorbener Biomasse, die unterschiedlichen Umformungsprozessen unterlag und ihre Energie in Form von Kohlenstoff gebunden hält. Diese Energie ist nicht bioverfügbar und dem aktiven Kohlenstoffkreislauf entzogen. Kernbrennstoffe wie Uran und Thorium sind mineralischen Ursprungs, denn sie sind Teil des Erdmantels und von Gesteinen eingeschlossen. Man bezeichnet sie gemeinhin als nukleare Energieträger.

Den Energieträgern und damit verbunden den Energierohstoffen wird in der Regel ihre Energie einmalig entzogen. Sie ändern durch den Prozess der Energieabgabe meist ihren Aggregatzustand und befinden sich nach Nutzung auf einem sehr viel geringeren Energieniveau. Ein praktisches Beispiel ist die Verbrennung von Kohle, die wenn sie einmal verbrannt wurde, als Wärme und Asche verbleibt. Beides regeneriert nicht wieder zu Kohle, um eine erneute energetische Nutzung zu ermöglichen. Dies unterscheidet Energierohstoffe maßgeblich von Baurohstoffen für den Energiebereich, wie etwa Erden oder Metalle. Sie werden zwar zur Energiegewinnung eingesetzt, es wird ihnen allerdings nicht maßgeblich und einmalig Energie entzogen, sie ändern nicht ihren Aggregatzustand. Baustoffe dienen als Materialien mit entsprechender Lebensdauer und Regenerations- bzw. Recyclingfähigkeit. Ein Beispiel hierfür ist Lithium, welches maßgeblich in der Batterieherstellung zur Anwendung kommt. Lithiumionen Akkus gelten als sehr langlebig, wobei ihre ‚Lebensdauer' bei einem Unterschreiten von 80 % Kapazität bereits als beendet gilt. Sie wird in Ladezyklen angegeben und ist im Vergleich zu herkömmlichen Akkus – wie etwa aus Nickel-Cadmium Verbindungen – sehr hoch (vgl. UBA 2016 und DERA 2017). Die Deutsche Rohstoff Agentur stuft Lithium nach wie vor nicht als knapp ein, weshalb die Recyclingbemühungen noch überschaubar sind, aber in ihrem aktuellen Report 2017 schildert sie auf mehreren Seiten wirtschaftliche Recyclingprojekte (DERA 2017, S. 51 ff.).

1.2 Energiebereiche

Die Energiewirtschaft umfasst drei Energiebereiche: Wärme, Strom und Mobilität. Den größten Energiebedarf hat in Deutschland die Wärme (Abb. 1.3), während der Bereich Mobilität die VerbraucherInnen am meisten kostet (Abb. 1.4) und der Bereich Strom am

1.2 Energiebereiche

Abb. 1.3 Energiebereiche und Anteil am Energieverbrauch. (Quelle: AEE 2013a, verändert)

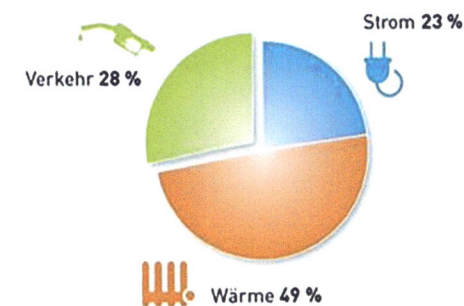

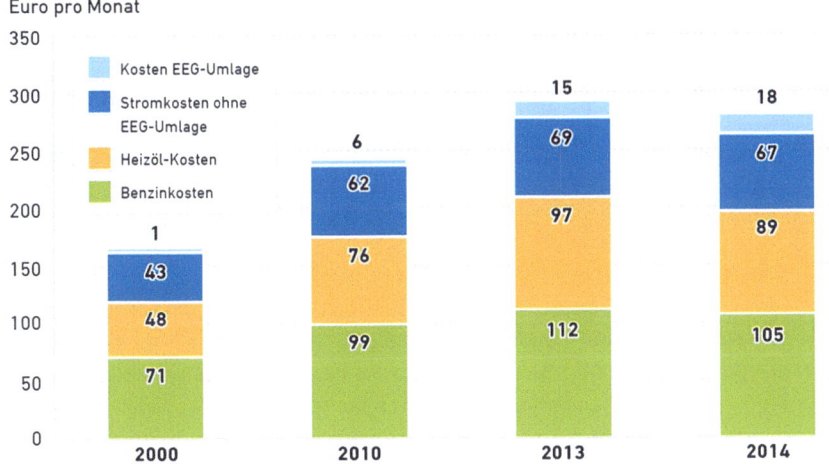

Abb. 1.4 Energiebereiche und Kosten für Drei-Personen-Musterhaushalt. (Quelle: AEE 2015)

treibhausgasintensivsten ist. Letzteres ergibt sich aufgrund des hohen Braunkohleanteils in der Stromproduktion und daraus, dass die energetische Nutzung von Braunkohle den höchsten CO_2-Ausstoß aller fossilen Energieträger besitzt (vgl. Abb. 5.3 CO_2 Ausstoß in Tonnen pro Terra Joule).

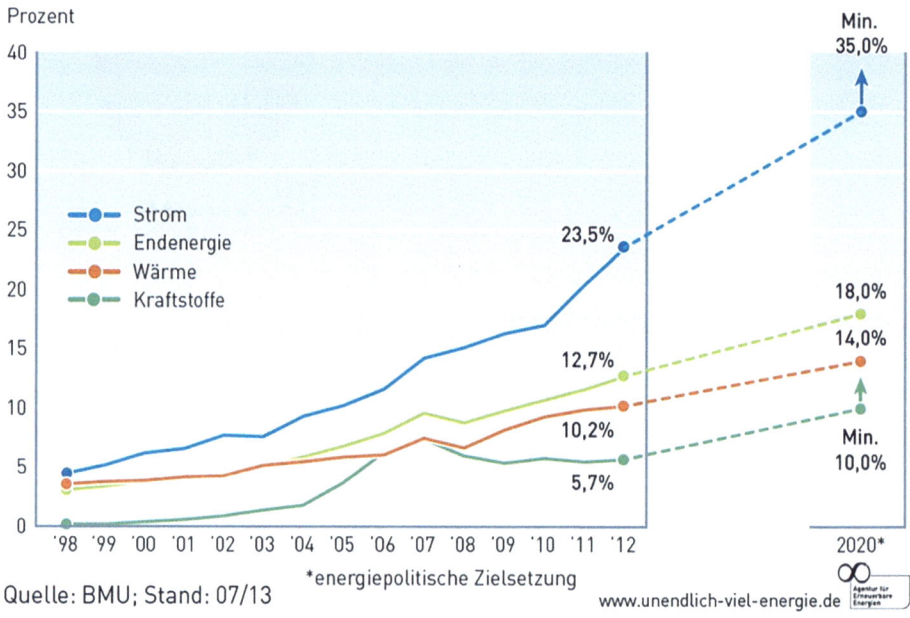

Abb. 1.5 Ausbauziele für die einzelnen Energiebereiche, erster Meilenstein 2020. (Quelle: AEE 2013b)

Für alle drei Bereiche sind aufgrund internationaler und EU-weiter Abkommen zum Klimaschutz und Ausbauziele für die erneuerbaren Energien formuliert. Zieljahr ist 2050, mit bis dahin unterschiedlichen Meilensteinen bzw. Berichtsjahren (Abb. 1.5).

Der Strombereich ist deutlich an der Spitze, wenn es um den Umbau der deutschen Energiewirtschaft geht. Im Strombereich stehen die nicht energierohstoffbasierten Techniken Windkraft, Solarenergie, Geothermie und Wasserkraft zur Verfügung, weshalb eine Durchdringung bzw. Übernahme der anderen beiden Bereiche Wärme und Mobilität angestrebt wird (Abb. 1.6). Diese Verbindung der bisher getrennt voneinander betrachteten Energiebereiche bezeichnet man als ‚Sektorenkopplung', obwohl die Begrifflichkeit Sektoren originär eine andere Bedeutung in der Energiewirtschaft hat.

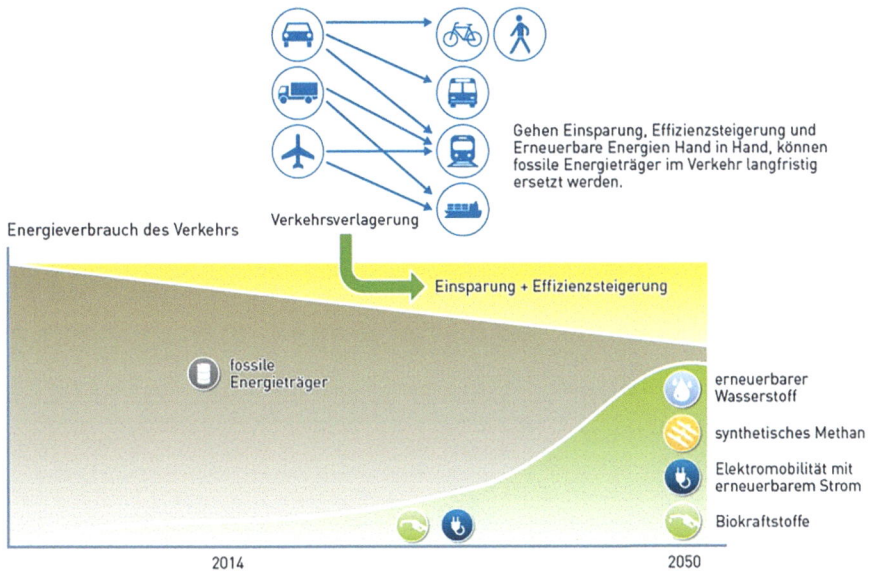

Abb. 1.6 Übernahme von Mobilitätsleistung u. a. durch den Strombereich. (Quelle: AEE 2014)

Literatur

AEE – Agentur für Erneuerbare Energien (2013a). Anteil des Verkehrs am Energieverbrauch 2012. https://www.unendlich-viel-energie.de/media/image/4623.AEE_Anteil_des_Verkehrs_am_Endenergieverbrauch2012_okt13_72dpi.jpg. Zugegriffen 18. Juli 2018.

AEE – Agentur für Erneuerbare Energien (2013b). Energiebereiche und Anteil am Energieverbrauch 1990–2012 und energiepolitische Ziele 2020. https://www.unendlich-viel-energie.de/mediathek/grafiken/anteil-erneuerbarer-energien-am-endenergieverbrauch-in-deutschland und energiepolitische-ziele-2020. Zugegriffen 18. Juli 2018.

AEE – Agentur für Erneuerbare Energien (2014). Übernahme von Mobilitätsleistung u.a. durch den Strombereich. https://www.unendlich-viel-energie.de/media/image/4644.AEE_Erneuerbare_Energiewende_Verkehr_dez13.jpg. Zugegriffen 18. Juli 2018.

AEE – Agentur für Erneuerbare Energien (2015). Energiebereiche und Kosten für Drei-Personen-Musterhaushalt. https://www.unendlich-viel-energie.de/media/image/5389.AEE_Entwicklung_Energiekosten_Musterhaushalt_2014_feb15_web.jpg. Zugegriffen 18. Juli 2018.

AGEB – Arbeitsgemeinschaft Energiebilanzen e.V. (2018). Energieflussbild in SKE, vereinfacht. https://www.ag-energiebilanzen.de/9-0-Energieflussbilder.html. Zugegriffen 23. August 2018.

BGR – Bundesanstalt für Geowissenschaften und Rohstoffe (2016). Energiestudie 2016. Reserven, Ressourcen und Verfügbarkeit von Energierohstoffen (20). Hannover.

DERA – Deutsche Rohstoffagentur (2017). DERA Rohstoffinformationen, Rohstoffrisikobewertung – Lithium. Zugegriffen 18. Juli 2018.

Statistische Ämter der Länder (2010). Glossar zu den Umweltökonomischen Gesamtrechnungen der Länder, Stand: Oktober 2008. http://www.ugrdl.de/glossar.htm.Zugegriffen 10. Oktober 2012.

UBA – Umweltbundesamt (2016). Ein langes Leben für das Smartphone. https://www.umweltbundesamt.de/themen/ein-langes-leben-fuers-smartphone. Zugegriffen 18. Juli 2018.

Werner, J. (2006). Einführung in die Energiewirtschaft – konventionelle Energie.e-book. http://www.grin.com/de/e-book/64535/einfuehrung-in-die-energiewirtschaft-konventionelle-energie. Zugegriffen 03. Dezember 2014.

Beschaffung von Energie

2

Die Beschaffung von Energie findet, wie bereits in der Einleitung beschrieben, durch die Beschaffung von Energieträgern statt. Der überwiegende Teil der konventionellen Energieträger ist endlich, wobei je nach Szenario den Hauptenergieträgern Erdöl, Kohle und Erdgas unterschiedliche ‚Reichweiten' zugedacht werden. Das liegt hauptsächlich an der Definition von *Ressource und Reserve* (vgl. Abb. 2.1) verhaftet. Während die Begrifflichkeit ‚Ressource' für einen Primärenergieträger sowohl das bestätigte, als auch das vermutete *geologische Vorkommen* umschreibt, bezieht sich der Begriff Reserve lediglich auf den zuverlässig geschätzten und bestätigten Teil des Vorkommens, der zudem nach *Stand der Technik* und zu *wirtschaftlichen Konditionen* erschlossen werden kann. Diese Grenzen verschieben sich und werden stark von der Nachfrage und dem somit erzielbaren Preis bestimmt. Eindrückliche Beispiele hierfür sind die Erschließung der Teer- oder Ölsande in Kanada als Erdölquelle, sowie das Fracking im Schiefergestein zwecks Erdgas, welches bis vor einigen Jahren noch undenkbar war.

Die wohl bekannteste Ressource/Reserve-Diskussion ist die um Peak Oil, der Überschreitung des Erdölfördermaximums. Die Brisanz der Reichweite des Erdöls hat zudem mehr als eine energiewirtschaftliche Dimension, da Erdöl als wichtiger Grundstoff für eine fast unendliche Palette von Produkten nach wie vor unentbehrlich ist. Egal ob Farben, Kunststoffe, Kleidung, Dünger oder ein Großteil von im Medizinischen bzw. Hygienebereich verwendeten Materialen basieren alle auf Erdöl.

Die Diskussion um Ressourcen und Reserven macht sich zunehmend auch an der Definition konventioneller und unkonventioneller Vorkommen fest. Die Bundesanstalt für Geowissenschaften und Rohstoffe unterteilt in *konventionell* und *nicht-konventionell* nach dem Kriterium, ob sich der Rohstoff mit klassischen Explorations-, Förder- und Transporttechniken abbauen lässt oder ob es zur Erschließung und Nutzung alternativer Technologien bedarf (Abb. 2.2).

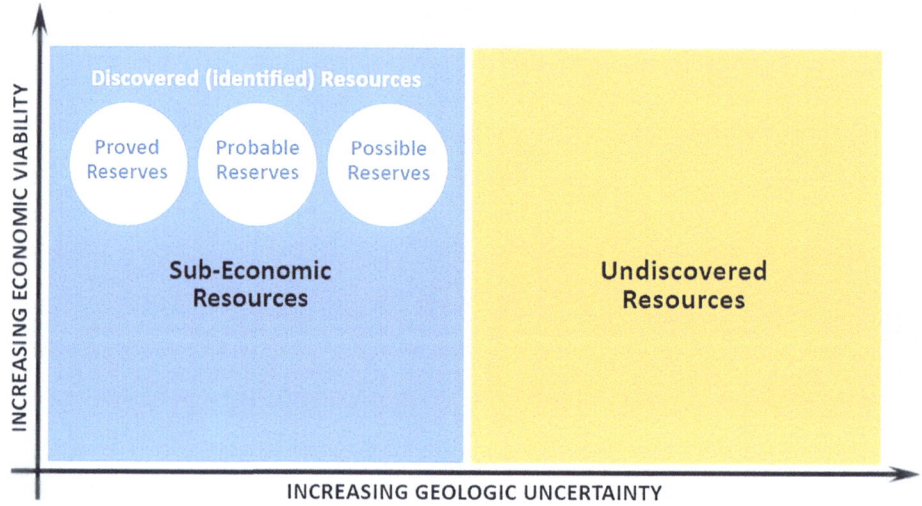

Abb. 2.1 Ressource und Reserve Abgrenzung. (Nach McKelvey 1972)

Erdöl	Erdgas	Kohle	Kernbrennstoffe	
Leichtöl	Freies Erdgas	Hartkohle	Uran in Erzlagerstätten	konventionell
Schweröl	Erdölgas	Weichbraunkohle	Thorium	
Kondensat	Erdgas in dichten Gesteinen		Phosphate	
Schwerstöl	Flözgas		Granite	nicht-konventionell
Bitumen (Ölsand)	Aquifergas		Meerwasser	
Schieferöl (Ölschiefer)	Gashydrat			

Abb. 2.2 Klassifizierung der nicht-erneuerbaren Energierohstoffe. (Nach BGR 2009)

Andere Klassifikationen beziehen Aspekte der Bedingungen des Auftretens der Vorkommen mit ein. Beim Erdöl rechnet beispielsweise Campbell (1997, 2002) Vorkommen in Wassertiefen größer 500 m (Tiefwasser) sowie in arktischen Regionen zum nicht-konventionellen Erdöl (vgl. BGR 2009).

Diese erweiterte Klassifikation besagt demnach, dass konventionelle Vorkommen in etwa der Definition Reserve entsprechen und somit heute leicht zugänglich sind; die unkonventionellen Vorkommen, die nur unter erschwerten Bedingungen zugänglich sind, analog eher als Ressource zählen. Allein die Frage der Wirtschaftlichkeit, welche für die Einteilung in Ressource und Reserve so wichtig ist, bleibt hier außen vor.

Neben der Endlichkeit der fossilen und nuklearen Energieträger kommt für Deutschland eine weitgehende Importabhängigkeit für fast alle davon hinzu (Abb. 2.3).

Diese Importe bedürfen einer Transport- und Verarbeitungsinfrastruktur, die ebenfalls vor allem fossile Energie benötigt und zusätzlich große Abhängigkeiten schafft.

2.1 Fossile Rohstoffe

Sie entstanden in geologischer Vorzeit aus Abbauprodukten von toten Pflanzen und Tieren. Fossile Rohstoffe sind Teil des langfristigen Kohlenstoffkreislaufes, welcher Kohlenstoff in der Lithosphäre speichert und so dem kurzfristigen Kohlenstoffkreislauf der Atmosphäre entzieht. Kohlenstoff ist hier natürlicherweise kaum bioverfügbar. Fossile Rohstoffe sind über Millionen von Jahren entstanden und werden in von Menschen überschaubaren Zeiträumen (Lebenszeit) nicht neu entstehen. Ihr Vorkommen ist deshalb begrenzt und um einschätzen zu können, wie lange ein Rohstoff unter den heute gegebenen Umständen bei gleichbleibenden Verbrauch noch verfügbar ist, werden statistische

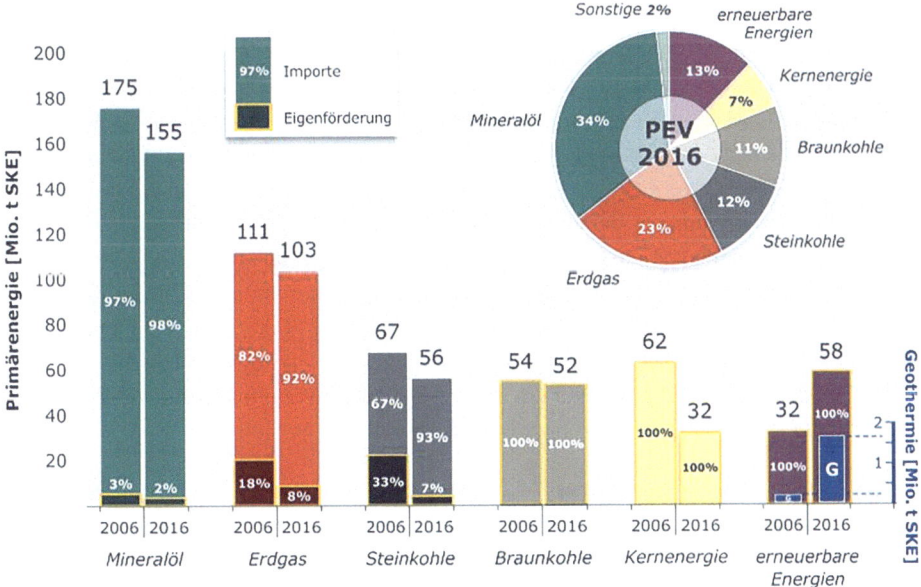

Abb. 2.3 Importabhängigkeit von Energierohstoffen für Deutschland. (Quelle: BGR 2017, S. 18)

Reichweiten errechnet. Hierbei teilt man die momentanen Reserven durch die aktuelle Weltjahresfördermenge und erhält die weltweiten statistischen Reichweiten. Diese variieren naturgegeben durch die sich ändernde Einschätzung des Ressource/Reserve-Verhältnisses.

Es werden in der Regel nur die Reichweiten konventioneller Vorkommen errechnet.

2.1.1 Erdöl und Erdgas

Erdöl und Erdgas gehören beide zu den fossilen Energieträgern. Sie kommen in vielen Lagerstätten zusammen vor und teilen auch eine gemeinsame Genese.

Gemeinsame Entstehung und Vorkommen
Beide Rohstoffe sind erdgeschichtlich gesehen relativ jung und Mitte des Mesozoikums entstanden. Ihr ursprünglicher Bestandteil ist nach gängiger Meinung organisch und besteht aus abgestorbenen Meeresorganismen, die auf den Grund sanken. Die sauerstoffarmen Bedingungen am Meeresgrund verhinderten die aerobe Zersetzung der Organismen, es bildete sich Faulschlamm. Dieser wurde im Laufe der Zeit von immer mächtigeren Sedimentschichten bedeckt. Hierdurch entstand immer mehr Druck und die Temperatur stieg. Dies hatte eine Aufspaltung der langkettigen Kohlenwasserstoffe der Biomasse, in kurzkettige flüssige beziehungsweise gasförmige Kohlenwasserstoffe zur Folge. Diese sogenannten Kerogene verharrten zunächst im Muttergestein. Unter zunehmendem Druck migrierten sie schließlich durch ihr eher poröses Ausgangsgestein nach oben, wo sie sich in ‚Fallen' an undurchlässigen Schichten sammelten und unter den richtigen Druck- und Temperaturbedingungen letztendlich zu Erdöl und Erdgas wurden. Die beiden Rohstoffe kommen in den meisten Lagerstätten gemeinsam vor und das Erdgas bildet eine Gaskappe über dem Erdöl. Dieser Prozess fand vorwiegend in Bereichen starker tektonischer Aktivität statt (optimale Druck- und Temperaturbedingungen), wie etwa an den Schelfrändern der Kontinente, in Grabenbruchsystemen sowie unter Salzstöcken. Ihr Vorkommen ist demnach ungleich über die Erde verteilt, mit deutlichem Schwerpunkt in Saudi-Arabien und jüngst großen Neufunden in Venezuela (Abb. 2.4).

Allerdings gibt es viele Erdgaslagerstätten ohne Ölvorkommen, v. a. in großer Tiefe (ab ca. 4000 m, meist jenseits des Erdölfensters von 2000–5000 m Tiefe). Für das Vorkommen konventionellen Erdgases ergibt sich folgende Verteilung in Abb. 2.5.

Wie bereits beim Erdöl zeigt sich ein anders regionales Verteilungsbild, zählt man die nicht-konventionellen Vorkommen hinzu, wie zum Beispiel Schiefergas.

Abbau und Transport von Erdöl
Der konventionelle Abbau findet über Bohrungen ins Speichergestein des Erdöls statt und fördert das sogenannte freie Erdöl. Der Transport erfolgt über Schiffe und Pipelines, wie schematisch in Abb. 2.6 dargestellt.

2.1 Fossile Rohstoffe

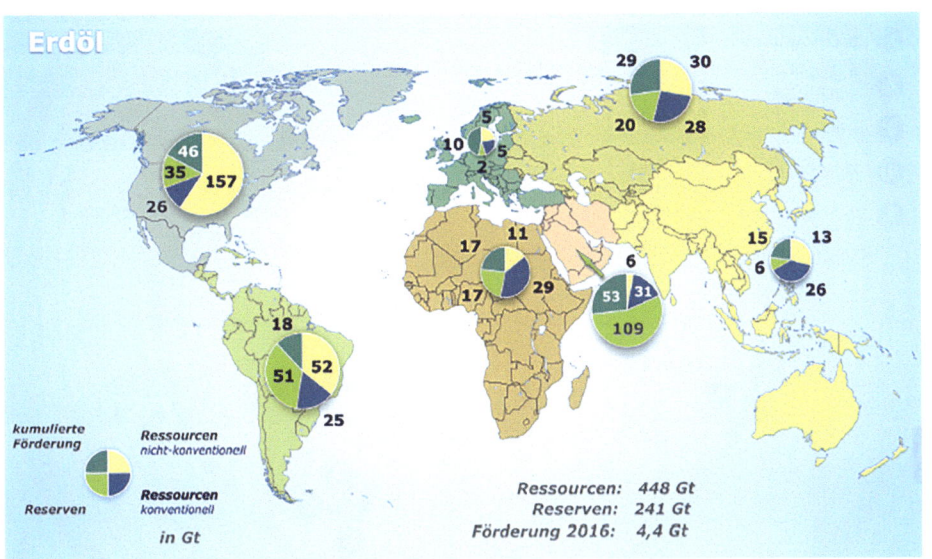

Abb. 2.4 Gesamtpotenzial Erdöl 2016, ohne Ölschiefer, regionale Verteilung. (Quelle: BGR 2017, S. 44)

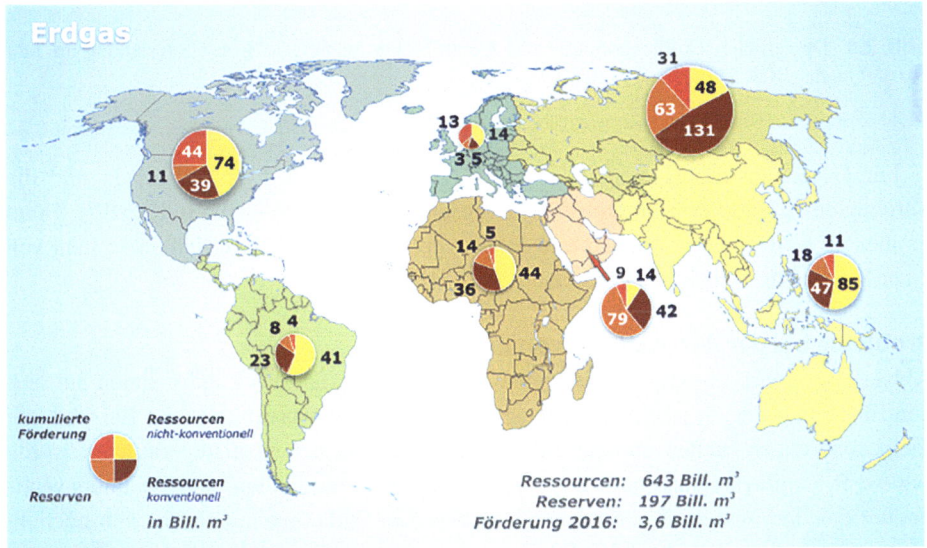

Abb. 2.5 Gesamtpotenzial Erdgas 2016, ohne Aquifergas und Gashydrat (unkonventionell), Regionale Verteilung. (Quelle: BGR 2017, S. 50)

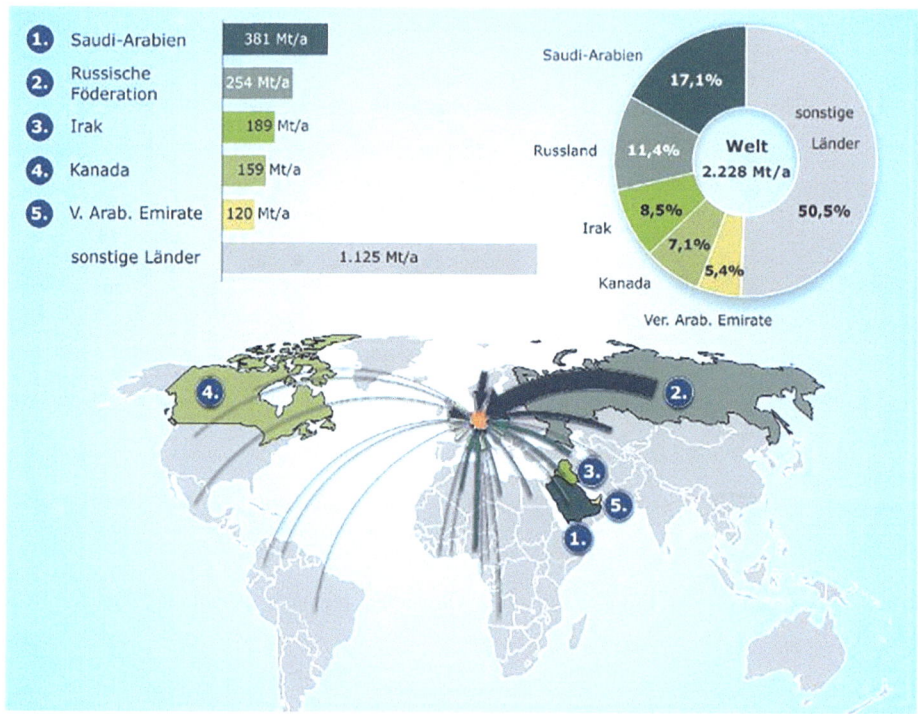

Abb. 2.6 Die größten Erdölexporteure und Deutschlands wichtigste Rohöllieferländer im Jahr 2016. (Quelle: BGR 2017, S. 47)

Für Deutschland sind momentan Saudi-Arabien, Russland, Irak, Kanada und die Vereinigten Arabischen Emirate die wichtigsten Importländer (vgl. BGR 2017). Beim momentan weltweiten Verbrauch und Stand von Technik und Wirtschaft geht man von einer Reichweite von circa 54 Jahren aus (vgl. BPB 2013).

Probleme bei der Beschaffung von Erdöl
Abbau und Transport sind energieintensiv und umweltgefährdend und nehmen auf beiden Ebenen enorm zu, je unzugänglicher die Lagerstätten werden, was am Beispiel von Tiefseebohrungen (unkonventionelle Vorkommen) leider schon oft demonstriert wurde (vgl. z. B. Unglück Deep water Horizont 2010). Die Erschließung anderer unkonventioneller Quellen, wie etwa von Ölschiefern, welches Vorkommen sind die sich noch im Muttergestein befinden, da sie nicht unter entsprechende Temperatur und Druck geraten sind, ist sehr energieintensiv. Auch Öl- bzw. Teersande, als ehemals Erdöl enthaltende Gesteine, weisen eine noch schlechtere Energie- und Umweltbilanz auf. So berichtete GREENPEACE im Februar 2014 über eines der größten Abbaugebiete im kanadischen Alberta: „Beim Ölsandabbau geht es um gewaltige Mengen, was man allein daran sieht, dass man zwei Tonnen Ölsand benötigt, um ein Barrel Öl zu gewinnen. 2012 wurden in

2.1 Fossile Rohstoffe

Alberta täglich 1,5 Mio. Barrel Öl aus Ölsanden gewonnen. Geht es nach dem Willen der Erdölproduzenten, könnten es 2020 mindestens drei bis fünf Millionen Barrel pro Tag sein. Dass dieses „größte Industrieprojekt des Planeten", [..] nicht ohne Folgen für die Umwelt bleiben kann, ist klar und fällt sofort ins Auge: Aus riesigen Flächen Nadelwald sind trostlose Mondlandschaften mit Giftteichen und Schwefelbergen geworden" (GREENPEACE 2014). Neben der CO_2 Intensität dieser Art der Erdölgewinnung, werden dabei weitere Umweltgüter gefährdet. Um beispielsweise einen Liter Bitumen aus dem Sand zu waschen, braucht man fünf Liter Wasser. Dieses Wasser ist danach mit Schwermetallen und zum Teil krebserregenden Kohlenwasserstoffen versetzt und wird wie beim Uranabbau in Klärteichen gelagert, welche mit 130 km^2 bereits halb so groß sind wie Frankfurt am Main." (ARD – Mediathek 2016). Wie beim Erdöl auch ergibt sich durch die Einbeziehung solcher Ölsand- und des Schwerölvorkommen ein anderes regionales Verteilungsbild der Reserven und Ressourcen.

Aber auch der Abbau von Erdöl aus als konventionell eingestuften Lagerstätten ist in höchstem Maße energieintensiv und umweltgefährdend. Oft kommt es aufgrund der Volumenverschiebung zu Erd- bzw. Seebeben. Die Förderung aus unterschiedlichen Gesteinsschichten führt außerdem zu radioaktiven Rückständen. Die hohe Wassergefährdung durch Erdöl, sowohl beim Abbau (z. B. Austritt in grundwasserführende Schichten, Bohrlecks), als auch beim Transport (z. B. Lecks in Pipelines, Tankerunglücke) zieht erhebliche Umweltschäden und eine Vertreibung von Mensch und Tier durch den nachhaltigen Verlust der Lebensgrundlagen nach sich. Viele Öllagerstätten befinden sich in Entwicklungsländern und oft in sehr fragilen Ökosystemen, wie etwa dem Niger Delta. Deshalb fehlt es meist an den notwendigen Sicherheitsauflagen. In der Folge kommt es zu einer Gefährdung von Mensch und Umwelt weit über das übliche Maß hinaus.

Bei gemeinsamen Vorkommen von Erdöl und Erdgas wird leider bis heute das Gas oft nicht mitabgebaut, sondern abgefackelt (vgl. Donner 2012). Trotz der zunehmenden Bedeutung von Erdgas als Energieträger gilt Erdöl immer noch als der wertvollere Rohstoff von beiden.

Abbau und Transport von Erdgas

Die Extraktion von konventionellem Erdgas erfolgt ähnlich der des Erdöl durch Bohrung ins Speichergestein und das Ablassen des freien Erdgases. Die Förderung von beispielsweise Schiefergas erfolgt aus sehr dichtem Gestein, weshalb es nicht durch herkömmliche Fördermethoden abgebaut werden kann. Es bedarf neuer Technologien, wie der sogenannten ‚Hydraulischen Stimulation', dem Fracking.

Der Transport von Erdgas findet über Pipelines und in verflüssigter Form (als LNG, Liquified Natural Gas), hauptsächlich über Schiffe statt. Während der Nicht-Pipelinegebundene Transport die Überbrückung größerer Entfernungen ermöglicht, ist er jedoch ungleich teurer und energieintensiver. Dieser Unterschied ist besonders signifikant auf kürzeren Strecken, da beim LNG-Transport bereits zur Verflüssigung erhebliche Mengen an Energie benötigt werden. Nach BGR 2009 ist der Transport von LNG erst ab einer Entfernung von etwa 3000 km günstiger als der Pipelinetransport. ‚Roh' – Gas ist ein Gemisch mit je nach Förderregion unterschiedlichem Methangehalt als Hauptbestandteil. Begleitet wird das Methan von diversen Beigasen wie etwa Propan oder Butan, anderen Kohlenwasserstoffen, sowie Schwefelwasserstoff (H_2S) und Quecksilber (Hg). Das Rohgas wird im Gegensatz zu Rohöl bereits auf dem Erdgasfeld aufbereitet. Je nach Gemisch werden hierbei vorwiegend Wasser, höhere Kohlenwasserstoffe, Schwefelverbindungen, sowie Kohlendioxid und Stickstoff entfernt.

Für Deutschland sind die Hauptimportländer Russland, Norwegen und die Niederlande (vgl. BGR 2017). Beim momentan weltweiten Verbrauch und Stand von Technik und Wirtschaft geht man beim konventionellen Erdgas von einer Reichweite von circa 64 Jahren aus. (vgl. BPB 2013).

Probleme bei der Beschaffung von Erdgas
Ähnlich wie beim Erdöl ist die Extraktion von Erdgas insbesondere aus größeren Tiefen oder unter Wasser sehr problembelastet. Insbesondere das Entweichen des Methans stellt ein sehr treibhausgasintensives Ereignis dar. Im Vergleich zum Erdöl ist seine Umweltgiftigkeit eher gering, jedoch durch den Eingriff in Gestein und Boden trotzdem nicht zu vernachlässigen. Während die Umweltgiftigkeit beim Abbau konventioneller Vorkommen im Vergleich der fossilen Rohstoffe gering ist, spielt der Abbau unkonventioneller Vorkommen, vor allem aus dichtem Gestein, eine ganz andere, ungute Rolle. Bei dieser Art Abbau, dem sogenannten ‚Fracking', werden künstliche Risse i Gestein erzeugt, welche mit Wasser und Chemikalien offen gehalten werden und somit ein Ausströmen des Gases aus dem dichten Gestein ermöglichen. Diese Methode ist bis dato sehr umstritten, da sie nicht nur die herkömmlichen Risiken des Gasabbaus, wie Erdbeben, Explosionsgefahr und radioaktive Rückstände mit sich bringt, beim Fracking kommt es insbesindere über die künstlichen Risse zu einer Gefährdung des Grundwassers. Außerdem sind durch die geringeren Konzentrationen des Gases größere Flächen vom Abbau betroffen und die Chemikalien im Boden bzw. Gestein reichern sich über sehr große Flächen an.

2.1.2 Kohle

Bei der Kohle unterscheidet man für die Energiewirtschaft schwerpunktmäßig zwei Ausprägungen: Hart- und Weichkohle oder Stein- und Braunkohle. Beide differieren stark was ihren Kohlenstoff- und Wasseranteil und damit ihren Energiegehalt angeht.

Entstehung und Vorkommen
Die Entstehung der Kohle oder der sogenannte Inkohlungsprozess beschreibt die Verfestigung und Umbildung pflanzlicher Substanz unter Anreicherung von Kohlenstoff innerhalb erdgeschichtlich langer Zeiträume. Das Pflanzenmaterial sammelte sich im Laufe der Zeit am Boden von Sümpfen und Mooren und wurde dadurch dem aeroben Zersetzungsprozess entzogen. In dieser ersten Stufe der ‚Inkohlung' entstand Torf, ein Brennstoff mit relativ niedrigem Energiegehalt, analog zum noch niedrigeren

2.1 Fossile Rohstoffe

Kohlenstoffgehalt mit sehr hohem Wasseranteil. Diese Torfschichten wurden durch verschiedene Prozesse, v. a. durch die der Plattentektonik, mit immer mehr Sedimenten bedeckt. Hohe Temperaturen und wachsender Druck trieben dabei den Prozess der Inkohlung voran. Wasser wurde zunehmend aus dem Torf gepresst und es entstand Braunkohle. Je mehr Sedimentschichten sich auf diesem Braunkohleflöz ablagerten, umso größer wurde der Druck und umso mehr Wasser wurde aus der Kohle herausgepresst. Aus Braunkohle mit einem hohen Wassergehalt entstand dadurch Steinkohle mit niedrigerem Wasser- und somit höherem Kohlenstoffgehalt. Stieg der Druck noch mehr an entstanden aus der Steinkohle das Anthrazit und Grafit. Hieraus ergibt sich in der Regel, dass die Qualität der Kohle bzw. der Kohlenstoffgehalt umso höher ist je tiefer das Kohleflöz in der Erde liegt und je älter es ist. Die Qualität der Kohle bezieht sich vor allem auf ihren Energiegehalt und der Konzentrationsprozess lässt sich ab der ersten Stufe des Inkohlungsprozesses, dem Torf, sehr gut ablesen: Aus einer etwa 6 m Torfschicht entsteht ein 3 m dickes Braunkohleflöz und daraus wird ein etwa 1 m dickes Steinkohleflöz (vgl. Der Energiegehalt steigt dabei kontinuierlich an.

Die heutigen Steinkohlelagerstätten der Erde entstanden insbesondere während des Karbons vor etwa 280 bis 345 Mio. Jahren. Die Braunkohlelagerstätten sind im Tertiär vor 2,5 bis 65 Mio. Jahren entstanden und somit wesentlich jünger. Die Verteilung der Lagerstätten auf der Welt ist in Abb. 2.7 dargestellt. Steinkohle als die wesentlich ältere Formation besitzt den höheren Energiegehalt, kommt aber in Deutschland nur in sehr tiefen Erdschichten vor. Die Vorkommen an Saar und Ruhr sind weitgehend erschöpft und können wirtschaftlich (vgl. Kap. 2. Beschaffung) nicht weiter ausgebaut werden. Bis

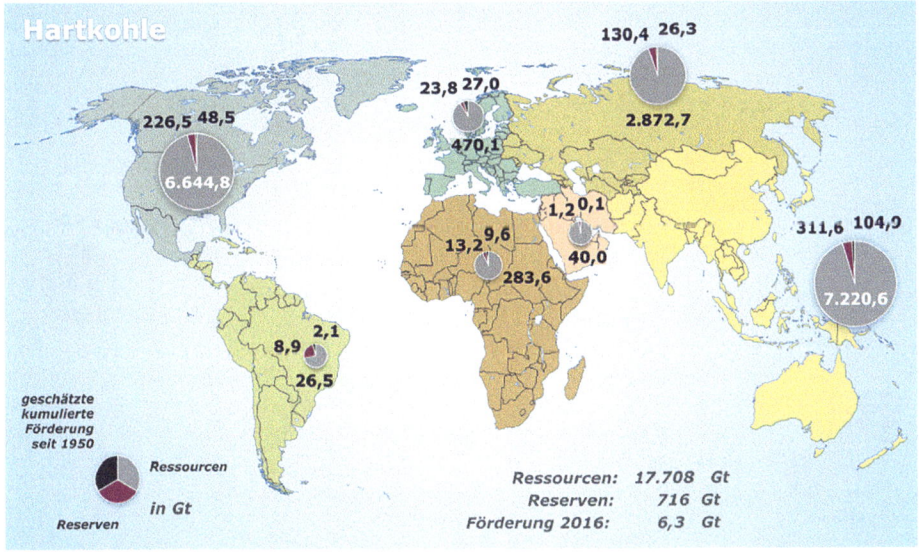

Abb. 2.7 Steinkohlevorkommen nach Ressourcen und Reserven. (Quelle: BGR 2017, S. 56)

zum Jahre 2018 wird er in Deutschland komplett eingestellt, sodass sich hier eine hohe Importabhängigkeit ergibt.

Die Verteilung der Braunkohle (Abb. 2.8) stellt sich etwas anders dar, zumal hier für Deutschland auf absehbare Zeit keine Importabhängigkeit entsteht.

Abbau und Transport von Kohle

Analog zur Lagerung wird Steinkohle in Europa und damit auch in Deutschland im Untertagebau gefördert – hier sind es in der Regel über 1000 m Tiefe. Mittels Stollen und Schächten werden die Steinkohleflöze mit Schaufelrädern Untertage abgegraben. Eindringendes Wasser wird stetig abgepumpt. Die entstehenden Lücken im Untergrund werden verfüllt und/oder mit entsprechenden fest installierten und anpassungsfähigen Stützen versehen. Die Flöze gasen bei Freilegung Methan aus. Dieses ‚Grubengas' muss abgeführt werden, sodass es nicht zu Explosionen kommen kann, ähnliches gilt für den entstehenden Feinstaub. Der Untertagebau ist sehr energieintensiv und in Deutschland mit hohen Sicherheitsanforderungen verbunden. In einigen Abbauländern wird Steinkohle auch Übertage gefördert. Niedrige Sicherheit- und Umweltstandards machen ihn Über- wie Untertage zusätzlich günstiger. Dies resultiert entsprechend in weiten und energieintensiven Transportwegen des Feststoffes. Hauptimportländer für Deutschland sind Russland, USA, Kolumbien, USA, Australien, Polen und Südafrika (vgl. BGR 2017).

Braunkohle wird für Deutschland fast komplett in Deutschland abgebaut (kleinere Mengen kommen nach wie vor aus Tschechien und Polen), schwerpunktmäßig im rheinischen und im Lausitzer Braunkohlerevier. Hierbei handelt es sich um Tiefen zwischen

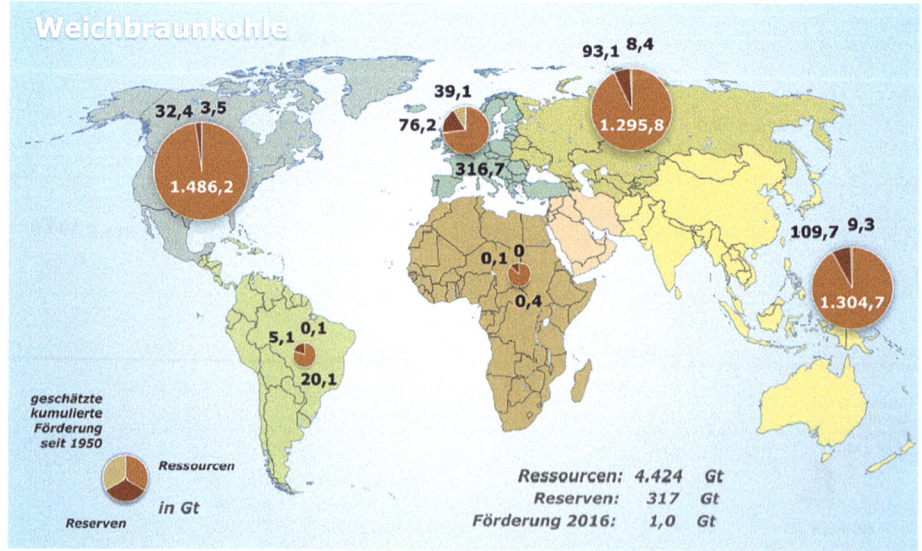

Abb. 2.8 Gesamtpotenzial Braunkohle 2016 – Regionale Verteilung. (Quelle: BGR 2017, S. 63)

25 und 450 m. Die Vorkommen liegen in der Regel unter den grundwasserführenden Schichten, welches eine Umlagerung des Wassers notwendig macht. Während im Rheinland Schaufelradbagger die Förderung bzw. auch das Abtragen der Bodenschichten besorgen, sind es in der Lausitz sogenannte Förderbrücken, welche die Bodenschichten bewegen (Abb. 2.9a und b).

Die Kohle wird meist über Bänder direkt ins anliegenden Kraftwerk transportiert, welche hauptsächlich mit Strom aus dem Kraftwerk betrieben werden (der sogenannte Kraftwerkseigenverbrauch). Ein Transport über andere Verkehrswege oder gar ein Import des Energierohstoffes würde die Braunkohleverstromung in Deutschland unwirtschaftlich machen.

Beim momentan weltweiten Verbrauch und Stand von Technik und Wirtschaft geht man insgesamt für die Kohle von einer Reichweite von circa 112 Jahren aus (vgl. BPB 2013).

Probleme bei der Beschaffung von Kohle

Der Untertagebau bringt sehr viele Risiken mit sich, welche von Erdbeben und erheblichen Bergschäden bis hin zu einer nachhaltigen Zerstörung des Bodengefüges und des Wasserhaushaltes reichen. Insbesondere mit der Zerstörung des natürlichen Wasserhaushaltes sind die sogenannten „Ewigkeitskosten" der deutschen Steinkohle assoziiert. Damit es nicht zu erheblichen Bergschäden in und um die alten Gruben kommt, muss Wasser kontinuierlich abgepumpt werden, für immer. In den Entwicklungsländern als HauptexporteurInnen werden diese Maßnahmen selten ergriffen. Die Belastung der Bevölkerung in den Steinkohle fördernden Entwicklungsländern ist damit ähnlich wie beim Erdölabbau.

Der Braunkohleabbau Übertage führt weniger zu Erdbeben und Explosionen, wobei auch hier das Ab- bzw. Umpumpen des Grundwassers zu Bergschäden führt. Aufgrund des hohen Flächenbedarfs kommt es allerdings zu einem nachhaltigen Verlust ganzer Landstriche bzw. Landschaften. Allein die Grube Hambach im rheinischen Braunkohlerevier hat eine Ausdehnung von 4000 ha und für Gesamtdeutschland wurden bis 2016

Abb. 2.9 a und **b**: Schaufelradbagger und Förderbrücke. (Quellen: eigene Aufnahme 2016 und DEBRIV 2018)

Abb. 2.10 Leipziger Seenlandschaft 2015

Abb. 2.11 Großdemo Berlin ‚Energiewende jetzt' 2014

rund 178 000 ha durch die Braunkohleförderung beansprucht (vgl. STATISTIK DER KOHLENWIRTSCHAFT e. V. 2017). Eine naturnahe Rekultivierung ist schwierig, da das Bodengefüge in diesen Flächen zerstört wurde und beispielsweise eine direkte Wiederaufforstung an vielen Stellen verhindert. Deshalb ist eine Flutung meist Mittel der Wahl zur Rekultivierung von Tagebaulandschaften, wie etwa das Leipziger Neuseenland (Abb. 2.10), mit etwa 70 km^2 Wasserfläche (vgl. Westermann 2018).

Der Verlust von Landschaft geht einher mit dem Verlust von Siedlungsflächen, welche in der Regel enteignet werden, sodass hier komplette Ortschaften umgesiedelt werden. Der Übertagebau in Deutschland findet also in nächster Nähe zu eng besiedeltem Gebiet statt und führt zu einer sehr hohen Feinstaubbelastung für die Bevölkerung mit nicht unwesentlichem Quecksilbergehalt. Der Widerstand gegen den Braunkohleabbau in Deutschland ist groß (vgl. Beispiele Abb. 2.11 und 2.12), bekommt aber sehr wenig mediale Aufmerksamkeit.

Abb. 2.12 Widerstand in der Lausitz gegen Braunkohletagebau 2015

2.2 Mineralische Rohstoffe

Im Bereich der mineralischen Rohstoffe zur Energiegewinnung ist weltweit der bedeutendste Kernbrennstoff das Uran. Es kommt in konventionellen Kernkraftwerken durch Kernspaltung zum Einsatz.

2.2.1 Entstehung und Vorkommen

Uran ist ein natürliches Element der Erdkruste und entstand durch sehr verschiedene geologische Prozesse. Analog kommt es in unterschiedlichsten Konzentrationen und Verbindungen vor, allerdings nie in Reinform wie etwa Gold oder Silber. Es ist stets an andere sauerstoffhaltige Mineralien gebunden (vgl. Abb. 2.13 Gesamtpotenzial). Uranvorkommen werden als konventionell bezeichnet, wenn bei der Genese Uran Haupt- oder bedeutendes Nebenprodukt ist, sprich Uran über eine entsprechend hohe Konzentration verfügt. Kommt Uran nur in sehr geringen Konzentrationen vor und ist Beiprodukt der Gesteinsgenese, gelten die Vorkommen als nicht-konventionell. Zu diesen nicht-konventionellen Vorkommen werden z. B. Granit, Phosphorite und Schwarzschiefer gezählt.

Deutschland verfügt nur über sehr geringe Uranmengen und ist – ähnlich wie bei den fossilen Brennstoffen – auf Importe angewiesen. Zu einem nennenswerten Abbau auf bundesdeutschem Boden ist es zu keiner Zeit gekommen, aber in der ehemaligen DDR.

2.2.2 Abbau und Transport

Uran gehört zu den sogenannten ‚Metallen der seltenen Erden'. Sein Abbau erfolgt zum Großteil Untertage und ist sehr energieintensiv. Im Ausgangsgestein befindet sich Uran nur in sehr kleinen Mengen. Bei der Extraktion aus dem Gestein fällt somit viel Abraum an. Das Herauslösen des Urans aus dem Gestein ist ebenfalls aufwendig und nicht allein

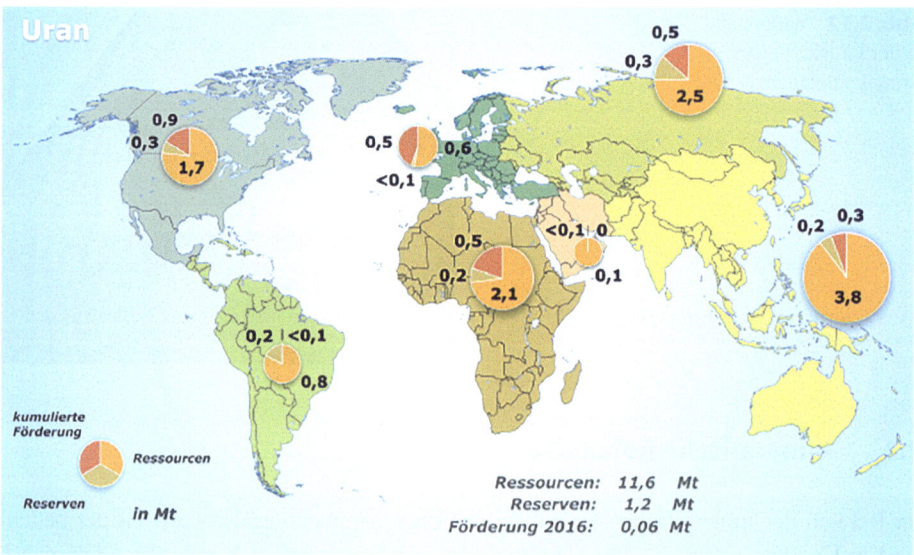

Abb. 2.13 Gesamtpotenzial Uran 2016 – regionale Verteilung. (Quelle BGR 2017, S. 66)

durch eine Zerkleinerung des Ausgangsgesteins zu bewerkstelligen. Es wird durch Säuren und Laugen unter sehr hohem Wasserverbrauch aus dem Gestein herausgelöst. Das gelöste Uran wird anschließend mit Ammoniak ausgefällt und getrocknet als Uranoxid abtransportiert. Wegen seiner gelben Farbe nennt man das Uranoxid auch Yellow Cake. Auf dem Gebiet der alten Bundesrepublik wurde die ohnehin geringe Förderung 1991 eingestellt. Hauptimportländer für Deutschland sind Russland, Kanada, Niger und Australien (vgl. BGR 2009). Allerdings läuft der Bezug seit einigen Jahren über langfristige Verträge mit Produzenten aus Frankreich, Großbritannien, Kanada, den Niederlanden und den USA (vgl. BGR 2017). Beim momentan weltweiten Verbrauch und Stand von Technik und Wirtschaft geht man von einer Reichweite von circa 70 Jahren aus (vgl. BPB 2013).

2.2.3 Probleme bei der Beschaffung von Uran

Beim Abbau von Uran fällt sehr viel Abraum an. 100 % gefördertes Gestein, enthält meist nur 1 % Uran, sodass auf eine Tonne Gestein oft lediglich 260 g Uran kommen. Der Abraum ist nach der Extraktion radioaktiv verseucht, genauso wie die führenden umgebenden Wasserschichten. Das zusätzlich benötigte Wasser zum letztendlichen Lösen aus dem Gestein verbleibt ebenfalls als hoch radioaktiver Rest und wird meist als Oberflächengewässer (sogenannte Tailings) am Abbauort ‚angelegt' und schlussendlich hinterlassen. Diese Tailings enthalten neben den radioaktiven Komponenten auch Schwermetalle. Hinzu kommt, dass wie bereits bei den fossilen Brennstoffen, sehr viel

Abbau in Entwicklungsländern stattfindet, mit all den assoziierten Problemen. Eine Rekultivierung der Gruben und ihrer Umgebung ist durch die radioaktive Strahlung von Abraum, Staubaustrag und Wasser noch weniger möglich, als in fossilen Abbaugebieten.

Einen Eindruck davon, was es heißt, ein Uranbergwerk rückzubauen und zu rekultivieren, bekam die deutsche Bundesregierung durch die Rekultivierung der Wismutregion. Diese bezeichnet Gebiete in Sachsen und Thüringen, in denen 40 Jahre Uran gewonnen und verarbeitet wurde, welches in russischen Atomkraftwerken zum Einsatz kam. Die im Zuge der deutschen Wiedervereinigung 1990 stillgelegten Bergwerke wurden zum Milliardengrab für deutsche Steuergelder. Die Sanierung hat bis 2016 6 Mrd. EUR gekostet und wird voraussichtlich 2045 abgeschlossen sein. Hierfür werden nochmals zwei Milliarden Euro veranschlagt (vgl. Wismut GmbH 2017). Die Sanierung ist zudem sehr CO_2 intensiv, nicht zuletzt durch den Einsatz von Dieselfahrzeugen. Diese werde vordringlich zum Bewegen der Erdmassen genutzt und verbrauchen z. B. an einem durchschnittlichen Wintertag circa 40.000 L Dieselkraftstoff.

2.3 Erneuerbare Energieträger

Bei der Beschaffung bzw. der Entstehung der Erneuerbaren Ressourcen kann prinzipiell in die unterschieden werden, welche aufgrund der Sonne zur Verfügung stehen und die, die sich aus der Erde bzw. Erdwärme ergeben (auch wenn hier indirekt auch wieder die Sonne dahintersteckt). Die Sonne verantwortet die Entstehung der Wind-, Solar- und Wasserkraft, sowie der Biomasse. Aus der Erde ergibt sich die Erdwärme oder Geothermie. Aus dieser einfachen Einteilung zeigt sich bereits einer der maßgeblichen Unterschiede zu den fossilen und nuklearen Ressourcen: Sie sind unendlich bzw. erneuerbar oder nachwachsend in Zeiträumen, die keine Generation übersteigen. Im nachfolgenden werden nicht wie bisher, die Ressourcen Sonne und Erde in ihrem Vorkommen beschrieben, sondern die erneuerbaren Energieträger, welche sie verantworten: Windkraft, Solarstrahlung, Wasserkraft, Biomasse und Geothermie. Die Thematik der Beschaffung überschneidet sich bei ihnen in einigen Punkten mit der Umwandlung. Denn die zur Umwandlung benötigte Anlage ist – besonders offensichtlich bei Windkraft und Solarstrahlung – meist die, welche Landschaftsveränderungen und entsprechenden Gefährdungen mit sich bringt.

Die erneuerbaren Energieträger sind im Allgemeinen global und auch national relativ gleich verteilt, wobei es lokale Standortunterschiede gibt, was ihre Leistungsfähigkeit angeht. Diese lässt sich anhand von Wind- und Globalstrahlungskarten, sowie Fließgewässerkartierungen erfassen. Die Nutzung der (Tiefen-)Geothermie ist hauptsächlich in Gebieten mit hoher geologischer Aktivität verfügbar und über geologische Karten ersichtlich. Alle erneuerbaren Energieträger sind auch in Deutschland unendlich verfügbar bzw. nachwachsend. Es besteht keine Importabhängigkeit bei den erneuerbaren Energieträgern, sodass sich die Potenzialanalysen im Gegensatz zu den fossilen und nuklearen Energieträgern auf Deutschland beschränken.

2.3.1 Solarstrahlung

Die durchschnittliche Energiemenge durch Sonnenstrahlung beträgt in Deutschland 1000 W pro Quadratmeter. Die Sonneneinstrahlung wird für das Potenzial der Solarenergie in Sonnenstunden angegeben.

Verteilung von Sonnenstunden

Die Verteilung der Sonnenstunden auf Sommer- und Winterhalbjahr variiert enorm. Zusätzlich spielen Faktoren wie Bewölkung, Länge des Tages und Höhenlage über dem Meeresspiegel eine große Rolle. Das bedeutet für Deutschland eine durchschnittliche Spannbreite von 1300 bis 1900 h jährlich, je nach Ort (vgl. Abb. 2.14). Ein Jahr hat allerdings 8.760 Stunden, was bedeutet, dass nur knapp 20 % des Jahres durch Sonnenstunden geprägt sind, in denen solare Energie gewonnen werden kann.

Vereinfacht gesprochen variiert die Anzahl der Sonnenstunden von Norden nach Süden. In Süddeutschland werden in der Regel die höchsten Werte an Sonnenstunden erreicht, in Mittel- und Norddeutschland nehmen diese Werte dagegen deutlich ab. Einige Küstengebiete bzw. Inseln bilden allerdings die Ausnahme, allen voran Usedom mit durchschnittlich 1900 h/a.

Probleme bei der Beschaffung

Problematisch ist die geringe Energiedichte der Solarstrahlung. Daraus ergibt sich ein großer Flächenbedarf und resultierend Landschaftsveränderungen. Sie ist außerdem nicht jederzeit in gleichem Maße verfügbar. Als Energieträger an sich ist sie nicht direkt speicherbar und stellt daher keine Energie auf Abruf bereit.

2.3.2 Windkraft

Deutschland ist geprägt von mittleren Windverhältnissen und dem weitgehenden Fehlen von Extremwindereignissen, wie etwa Tornados mit Windgeschwindigkeiten von mehr als 500 km/h (vgl. DWD 2017). Zentrale Faktoren für den Energieertrag aus dem Wind sind die Windgeschwindigkeit und die Windhäufigkeit. Die Windgeschwindigkeit ist der Weg, den Luft pro Zeiteinheit im Raum zurücklegt. Die Windhäufigkeit beschreibt wie oft Wind mit einer bestimmten Geschwindigkeit auftritt. Während der Wind in großer Entfernung von der Erdoberfläche wesentlich von den horizontalen Druckunterschieden bestimmt ist, wird er in Bodennähe in der sogenannten atmosphärischen Grenzschicht durch die Reibungskräfte (v. a. Rauigkeit des Geländes) dominiert.

Verteilung von Wind

Vereinfacht dargestellt zeigt sich, dass die Windgeschwindigkeiten in Deutschland von den Küstenregionen ins Binnenland abnehmen (vgl. Abb. 2.15). Dies liegt begründet in der Rauigkeit der Geländeoberfläche, also daran, ob die Fläche eben ist, bewachsen oder bebaut und damit die freie Anströmbarkeit über den Wind (nicht) gewährleistet werden kann.

2.3 Erneuerbare Energieträger

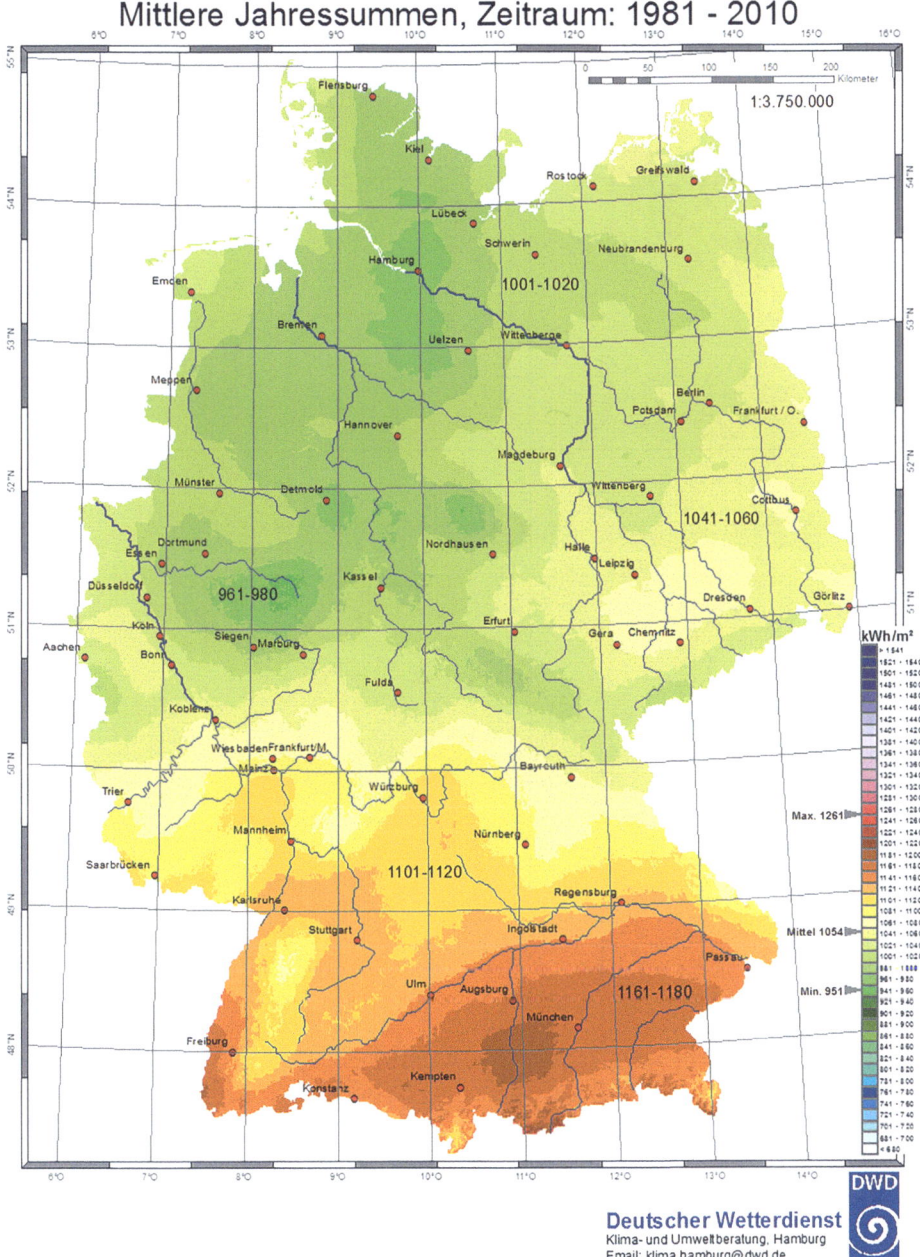

Abb. 2.14 Globalstrahlung in Deutschland. (Quelle: DWD 2018a)

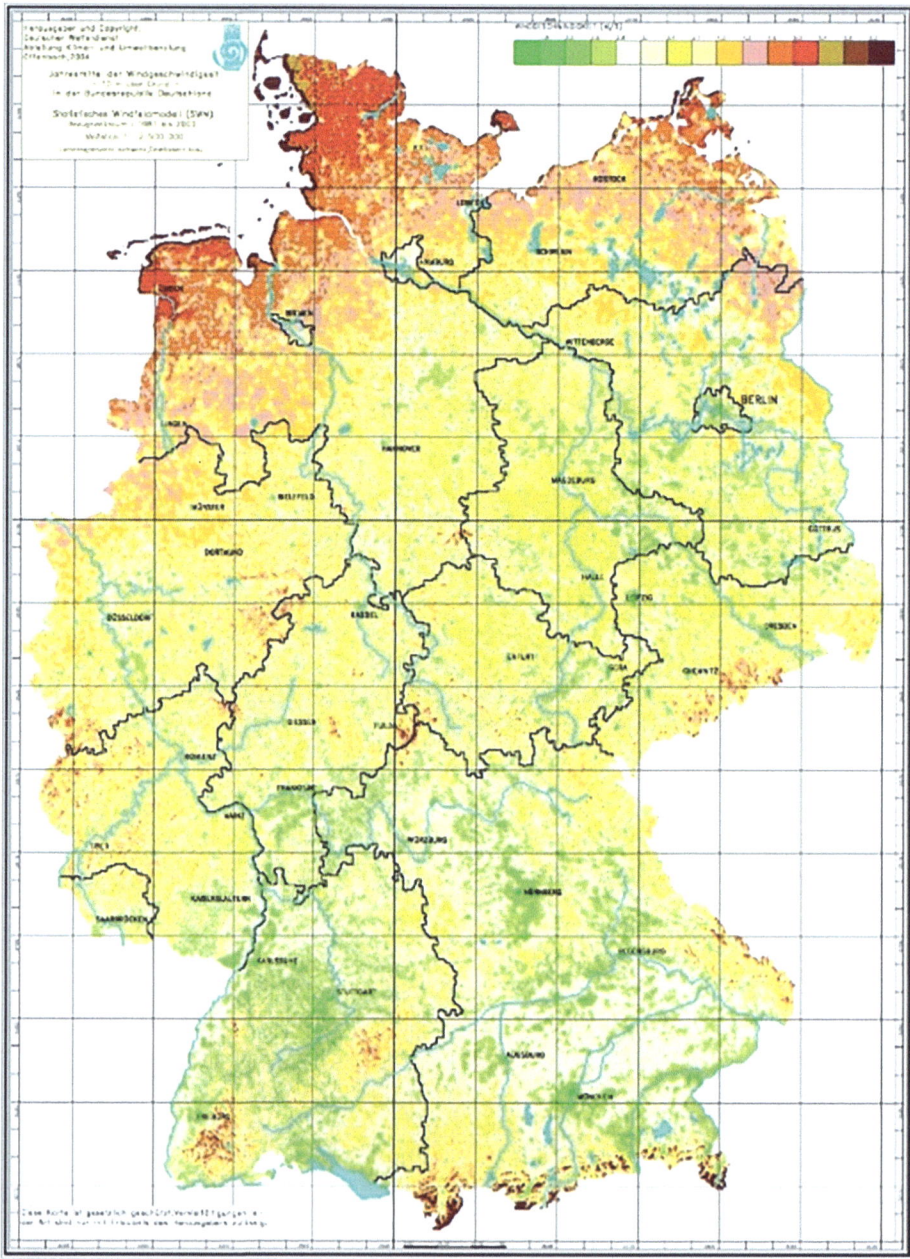

Abb. 2.15 Windkarte Deutschland, 10 m Höhe. (Quelle: DWD 2018b)

2.3 Erneuerbare Energieträger

Dieser Effekt wird allerdings von steigenden Windgeschwindigkeiten in höheren Lagen überdeckt. So weisen etwa Standorte in den Mittelgebirgen deutlich höhere Windgeschwindigkeiten auf, als eigentlich zu erwarten wären (siehe Abb. 2.16). Je höher über dem Boden, desto stärker und stetiger bläst der Wind. Tallagen führen in der Regel nicht nur zu einer Verringerung der mittleren Windgeschwindigkeit, sondern modifizieren – durch Leiteffekte – auch die Verteilung der Windrichtung.

Trotz der unterschiedlichen Verteilungen der Windgeschwindigkeiten an verschiedenen Standorten lässt sich über alle Standorte hinweg ein typischer Jahresgang aufzeigen. Für Deutschland ist es vor allem das Winterhalbjahr, in dem mit viel Wind zu rechnen ist. Eine ähnlich differenzierte Verteilung ergibt sich für Tag und Nacht, typischerweise ist es die Nacht in der höhere Windgeschwindigkeiten vorkommen. In Deutschland überwiegen zudem Westwind-Wetterlagen.

In Städten und Wäldern sind die Windgeschwindigkeiten zumeist niedriger als über Freiflächen oder Äckern. Größere Wasserflächen dagegen bewirken – aufgrund ihrer geringen Oberflächenrauigkeit – sogar eine Verstärkung der Windgeschwindigkeit (vgl. Abb. 2.17). Dies führt auch dazu, dass auf offener See viel größere Windgeschwindigkeiten herrschen als im Binnenland.

Probleme bei der Beschaffung

Auch der Wind verfügt im Vergleich zu den fossilen und nuklearen Energierohstoffen über eine geringe Energiedichte. Der sich daraus ergebende hohe Flächenbedarf führt insbesondere aufgrund der Sichtbarkeit der Windenergieanlagen zu signifikanten Landschaftsveränderungen. Die Windkraft steht wie die Solarenergie nicht jederzeit in gleichem Maße zur Verfügung. Als Energieträger an sich ist sie nicht direkt speicherbar, stellt also keine Energie auf Abruf bereit. Durch die Gewinnung von Windkraft werden insbesondere Flugtiere (Avifauna) gefährdet.

2.3.3 Wasserkraft

Die Beschaffung der Wasserkraft ist in Deutschland prinzipiell an allen Fließgewässerläufen sowie an den Küsten von Nord- und Ostsee möglich.

Verteilung von Wasserkraft

Die in Deutschland vordringliche Nutzung der Wasserkraft spielt sich im Bereich der großen Fließgewässer ab. Bisher werden die Wellenkraft oder die Gezeiten an der Küste nicht zur Energieerzeugung genutzt. Wasservolumen und Fließgeschwindigkeit bzw. Fallhöhe bestimmen beim Fließgewässer die Energieausbeute. Vereinfacht dargestellt bieten also Bergregionen und große Wasserstraßen das meiste Potenzial (vgl. Abb. 2.18). An den großen Flussläufen ist das als wirtschaftlich geltende Ausbaupotenzial momentan annähernd ausgeschöpft (UBA 2014 bzw. BMU 2010), wobei für einige Kraftwerke ein Repowering einen Mehrgewinn an Energieausbeute bedeuten könnte.

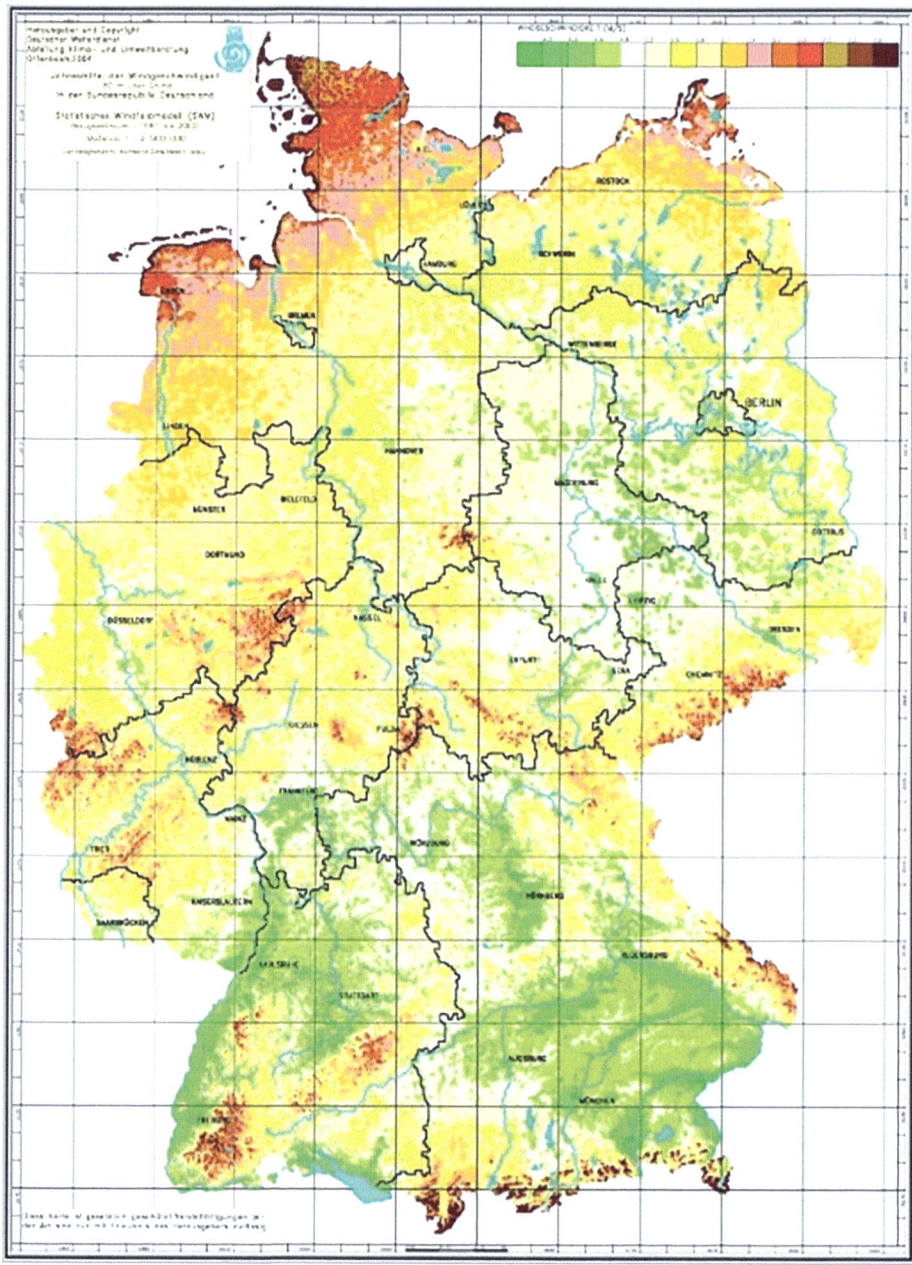

Abb. 2.16 Windkarte Deutschland, 80 m Höhe. (Quelle: DWD 2018c)

2.3 Erneuerbare Energieträger

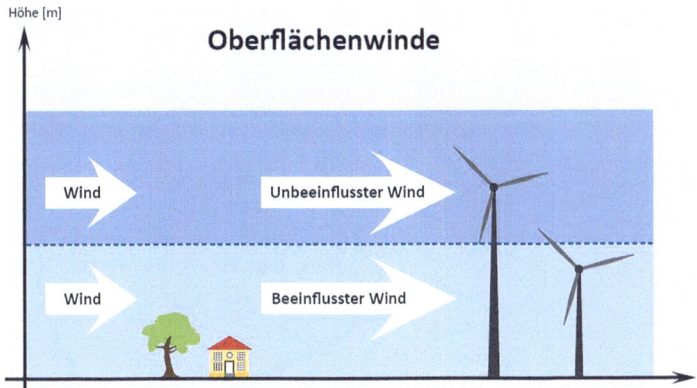

Abb. 2.17 Rauigkeit und Einfluss auf den Wind

Probleme bei der Beschaffung

Die Probleme bei der Beschaffung ergeben sich aus der geringen Energiedichte und des daraus resultierenden Volumen- und Fließgeschwindigkeitsbedarfs. Diese zu erzeugen, bringt Landschaftsveränderungen oft in Form eines Fließgewässerverbaus mit sich. Wasserkraft ist zudem nicht gleich verteilt. Sie steht aber in Deutschland bis auf leichte Schwankungen durchgängig zur Verfügung. Als Energieträger an sich, ist sie begrenzt direkt speicherbar und stellt somit Energie auf Abruf bereit. Durch die Gewinnung von Wasserkraft werden insbesondere Wassertiere, allen voran Fische gefährdet.

2.3.4 Biomasse

Bei Biomasse im Sinne von erneuerbaren Energieträgern handelt es sich um den pflanzlichen Teil der Biomasse. Die darin enthaltene Energie entsteht durch Sonnen- bzw. Strahlungsenergie, die von Pflanzen mittels Fotosynthese chemisch gebunden wird, als Zucker oder Stärke.

Verteilung von Biomasse

Im Gegensatz zur Windkraft und Solarstrahlung unterliegt die Biomasse einer Limitierung durch ihre Anbau- bzw. Wuchsfläche. Da sie allerdings nicht wie fossile Energieträger einer geologischen und chemischen Umformung von Millionen von Jahren bedarf, ist sie in dem Sinne unendlich, als dass Biomasse nachwachsend ist. Man bezeichnet sie auch als rezenten Energierohstoff.

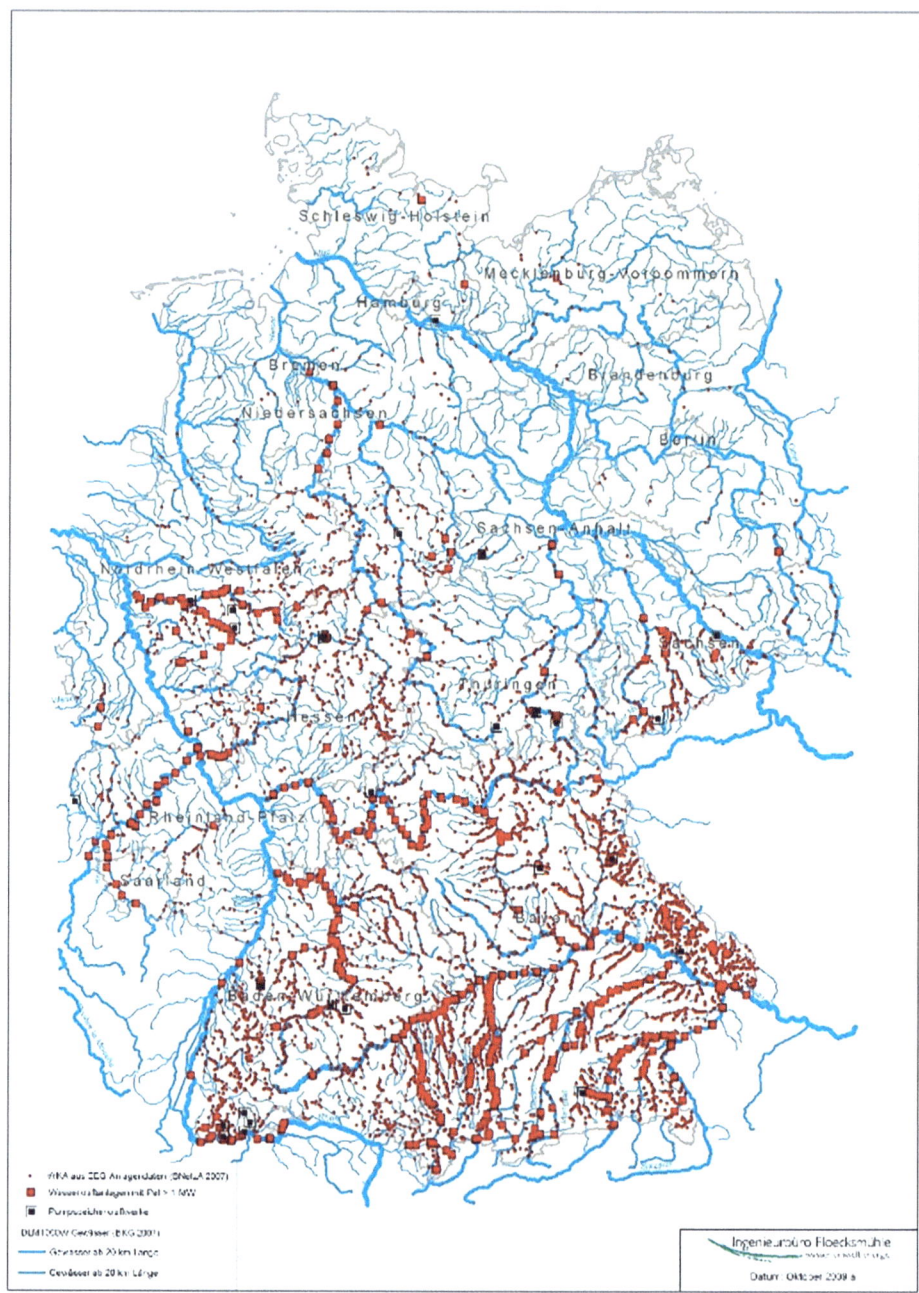

Abb. 2.18 Wasserkraftpotenzial Deutschland. (Quelle: Ingenieurbüro Flocksmühle GmbH 2010)

2.3 Erneuerbare Energieträger

Probleme bei der Beschaffung von Biomasse

Wie alle erneuerbaren Energieträger verfügt Biomasse über eine geringe Energiedichte. Mit ihrer Beschaffung gehen Landschaftseingriffe, sowie dadurch eine Gefährdung unterschiedlicher Tierarten, einher. Zudem variiert der Energiegehalt von verschiedenen Pflanzen stark, sodass ihre Nutzung je nach Anwendungsbereich (Strom, Wärme, Mobilität) unterschiedliche Landschaftsveränderungen mit sich bringen kann. Die Nutzung der Biomasse als erneuerbarer Energieträger für den Strom- und Mobilitätsbereich ist beispielsweise sehr schnell aufgrund der vermuteten Flächenkonkurrenz zu Nahrungsmitteln in Verruf geraten. Biomasse als Energieträger ist zwar rohstoffgebunden, hat dafür aber auch die Eigenschaft lagerfähig zu sein und ist damit speicherbar. Das ist ein großer Vorteil gegenüber den fluktuierenden erneuerbaren Energieträgern Windkraft und Solarstrahlung.

2.3.5 Geothermie

Die Wärme der Erde variiert in Deutschland sehr stark. Dies trifft vor allem auf die Vorkommen zu, welche so hohe Temperaturen bereithalten, wie sie etwa zur Stromerzeugung (Tiefengeothermie) benötigt werden.

Verteilung der Geothermie

In den Bereichen hoher tektonischer Aktivität ist der Untergrund besonders heiß. Dies ist zum Beispiel im Grabenbruch System des Oberrheins der Fall, sowie teilweise im süddeutschen Molassebecken und in Teilen des norddeutschen Beckens (Abb. 2.19).

Abb. 2.19 Wichtigste Geothermie Gebiete in Deutschland. (Quelle: BGV 2018)

Probleme bei der Beschaffung von Geothermie
Die Nutzung der Tiefengeothermie birgt durch Massenverschiebung im Untergrund die Gefahr von Erdbeben und Bergschäden. Zudem können bei den Bohrungen Wasser führende Schichten verletzt werden und zu möglichen Absenkungen des Untergrundes führen.

2.4 Zusammenfassung

Die Beschaffung fossiler und nuklearer Energierohstoffe geschieht überwiegend durch Importe aus dem Ausland, oft aus Entwicklungsländern oder auch totalitären Staaten. Nicht selten sorgen Energierohstoffe für geopolitische Probleme, unter denen die Weltgemeinschaft leidet. Sowohl fossile als auch nukleare Energierohstoffe sind endlich und nur noch begrenzte Zeit verfügbar, sie regenerieren nicht. Insbesondere die fossilen Rohstoffe sind nicht bzw. nur sehr gering bioverfügbar und dem Kohlenstoffkreislauf der Atmosphäre, durch ihre Lagerung im Boden, entzogen. Es besteht für ihre Importwege eine etablierte Infrastruktur, hauptsächlich in Form von Pipelines und Schiffen. Fossile wie nukleare Energieträger haben eine sehr hohe Energiedichte. Beide sind lagerfähig und deshalb quasi in ihrer Rohstoffform speicherbar. Sie besitzen die Fähigkeit, Energie auf Abruf bereit zu stellen. Bereits ihre Beschaffung ist in den meisten Fällen sehr energieintensiv und gefährdet Menschen, Tiere sowie die Umwelt nachhaltig.

Die Beschaffung erneuerbarer Energieträger ist komplett in Deutschland möglich, es bedarf keinerlei Importe. Je nach Erzeugungsart gibt es allerdings unterschiedliche Standortpräferenzen. Die Probleme bei der Beschaffung erneuerbarer Energieträger ähneln sich. Besonders gravierend ist, dass sie alle samt über eine geringe Energiedichte verfügen und deshalb in großen Mengen benötigt werden. Bis auf die Bioenergie und zu geringen Teilen die Wasserkraft, sind die erneuerbaren Energieträger als Rohstoff erst mal nicht speicherbar. Das ist besonders problematisch, da sie nicht jederzeit verfügbar sind und damit ihre Leistung schwankt. Durch die Beschaffung – respektive die Umwandlung erneuerbarer Energieträger – kommt es zu Landschaftsveränderungen und einer Gefährdung von Tieren und Pflanzen. Auch wenn das nicht in dem Maße geschieht wie bei den konventionellen Energieträgern, geschieht es allerdings an weitaus mehr Orten als in der konventionellen Energiewirtschaft. Während hier die Abbaugebiete, sowie nachfolgend die Betriebsstätten (zentrale Großkraftwerke) räumlich beschränkt sind, stellt sich die Verteilung der erneuerbaren Energien komplett anders dar, nämlich in relativ gleicher räumlicher Verteilung im gesamten Bundesgebiet. Durch die Beschaffung erneuerbarer Energieträger wird Energie für alle als Thema in der Landschaft wahrnehmbarer.

Literatur

BGR – Bundesanstalt für Geowissenschaften und Rohstoffe (2009). Energierohstoffe 2009. Reserven, Ressourcen und Verfügbarkeit von Erdöl, Erdgas, Kohle, Kernbrennstoffe, Geothermische Energie. Hannover.

Umwandlung von Energie 3

Im Abschnitt Umwandlung von Energie werden die Primärenergieträger nun in Sekundär- bzw. Endenergieträger umgewandelt und so für jeden einzelnen nutzbar. Die Energiewirtschaft in Deutschland wird nach wie vor von fossilen Energieträgern dominiert (Abb. 3.1).

Abb. 3.2 zeigt deutlich, dass der Prozess der Umwandlung einen Verlust von Primär- zu Endenergie bedingt, welches Rückschlüsse auf den Wirkungsgrad[1] unserer Energieversorgung zulässt.

3.1 Aufbereitung fossiler und nuklearer Energieträger

Bevor die meisten fossilen und nuklearen Energieträger in Großkraftwerken (Wärme und Strom), Fahrzeugen oder dezentralen Heizungsanlagen genutzt werden können, bedürfen sie größtenteils der Aufbereitung. Die Prozesse unterscheiden sich je nach Art des Energierohstoffes und teilweise auch nach Art des Energiebereiches, in dem sie Anwendung finden.

3.1.1 Erdöl

Die Aufbereitung von Erdöl zum Verbrauch geschieht vor allem über Destillation in sogenannten Raffinerien. Hierzu wird das Erdöl zunächst entsalzt und dann in einem Wärmetauscher auf 350–400 °C erhitzt. Im Fraktionsturm kühlt das Dampf-Flüssigkeitsgemisch ab. Zu unterschiedlichen Temperaturen kondensiert es in die unterschiedlichen

---

[1]Verhältnis von eingesetzter Energie zu Endenergie.

34 3 Umwandlung von Energie

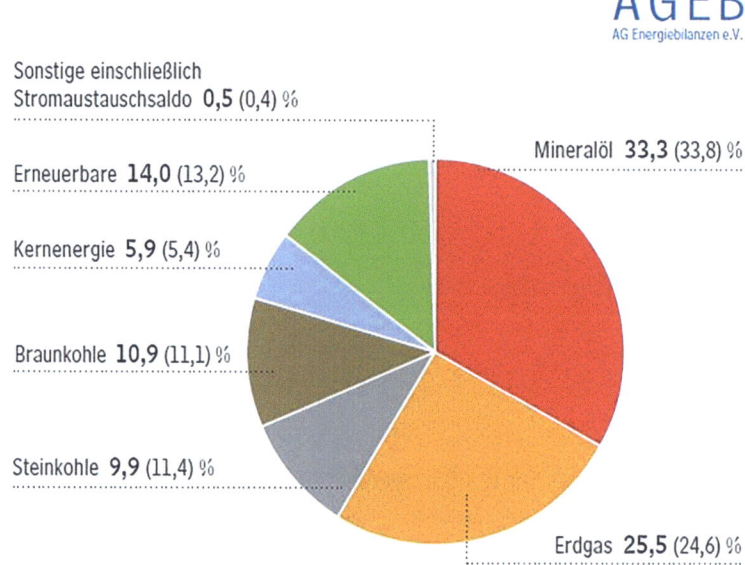

Abb. 3.1 Struktur des Primärenergieverbrauchs in Deutschland im 1. Halbjahr, Anteile in Prozent (Vorjahreszeitraum in Klammern). (Quelle: AGEB 2018a)

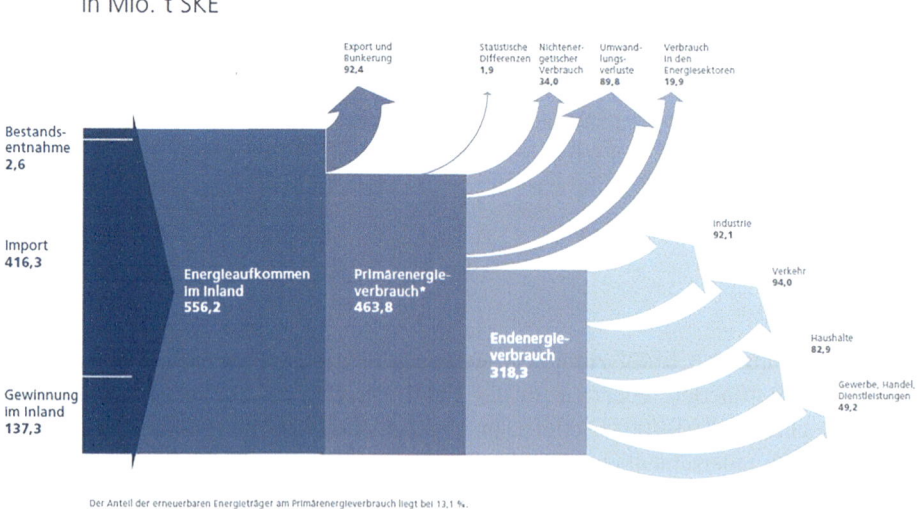

Abb. 3.2 Energieflussbild. (Quelle: AGEB 2018b)

Destillation

Bei der Destillation wird das Rohöl aus den Lagertanks über einen Entsalzer und anschließende Wärmetauscher in einen Röhrenofen gepumpt. Auf 350 bis 370 °C erhitzt gelangt das Dampf-Flüssigkeits-Gemisch in den ersten Destillationsturm mit normalem atmosphärischem Druck.

Die verdampften Anteile steigen empor, kühlen ab und gehen auf den verschiedenen Böden des Turmes wieder in flüssigen Zustand über. Diese „Fraktionen" werden seitlich abgeleitet.

Der Rückstand am unteren Ende des Turmes wird in einen weiteren Destillationsturm mit vermindertem Druck geleitet. Im Vakuumturm verdampfen die schweren Kohlenwasserstoffe ohne Zersetzung, da sie bei verringertem Druck bereits bei niedrigeren Temperaturen sieden. Die dabei gewonnenen Wachsdestillate sind das Einsatzprodukt für die Konversionsanlagen oder die Schmierstoffherstellung.

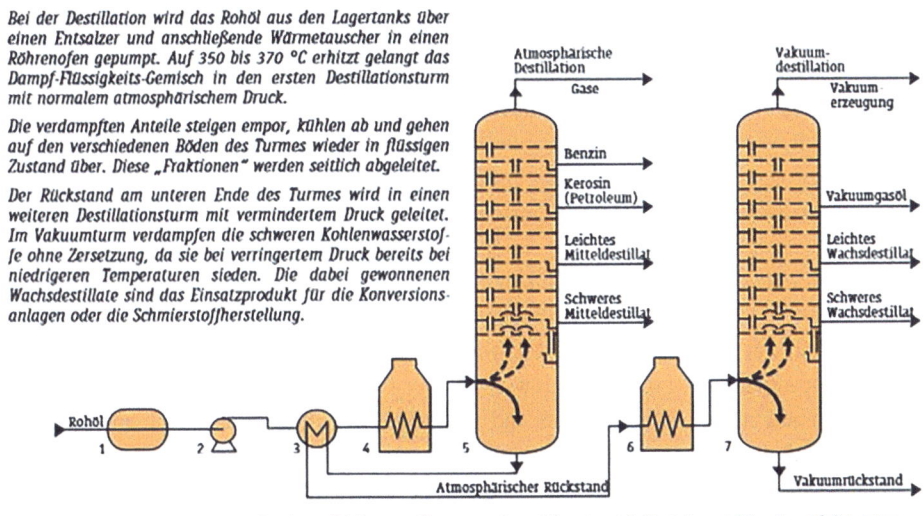

Abb. 3.3 Fraktionierung von Rohöl. (Quelle: MWV 2003, S. 22)

Erdölprodukte (Fraktionen) ab (Abb. 3.3). Man nennt diesen Vorgang auch ‚aus dem Rohöl fällen' oder Fraktionierung.

Auch wenn Erdöl vor allem energetisch genutzt wird, ist es ebenfalls maßgeblicher Bestandteil einer sehr großen Anzahl unterschiedlichster stofflicher Nutzungen. Unter anderem gilt es als Grundstoff für Mineraldünger, welcher aus der Landwirtschaft weltweit kaum noch wegzudenken ist.

3.1.2 Erdgas

Trotz des ähnlichen Entstehungsprozesses unterscheidet sich die Aufbereitung von Erdgas wesentlich von der des Erdöls. Bei Erdgas handelt es sich um ein Gasgemisch, dessen chemische Zusammensetzung je nach Fundstätte beträchtlich schwankt. Hauptbestandteil und deshalb oft als Erdgassynonym benutzt ist Methan (CH_4). Sein Anteil beträgt in konventionellen Lagerstätten in der Regel über 80 %. Das Methan wird begleitet von Ethan, Propan, Butan, Pentan, sowie unterschiedlichen Inertgasen (Edelgasen). Noch vor Transport muss entschwefelt, Quecksilber abgetrennt, sowie Kohlendioxid und Wasser entfernt werden.

3.1.3 Kohle

Vor allem beim Abbau von Steinkohleflözen wird viel ‚Bergematerial' (Gestein) mitgefördert. Dieses würde nämlich den Verbrennungsprozess im Kraftwerk oder bei der Stahlproduktion (Koks) wesentlich stören und zudem den Transport verteuern. Also wird es noch vor dem Transport abgetrennt. Dies geschieht in einem ersten Schritt durch Sieben der Rohkohle. Die Abtrennung des Gesteins geschieht aufgrund seines höheren spezifischen Gewichts: Ein Gesteinskorn ist schwerer als ein vergleichbar großes Korn aus Kohle. Im Zuge dieses sogenannten Sortierungsvorganges wird die Kohle auch immer weiter zerkleinert. Der nächste Schritt der Aufbereitung ist die ‚Flotation'. Hierbei trennt das Wasser die spezifischen Gewichte von Kohle und Gestein, da die leichten Kohlestücke oben schwimmen, während Gestein zu Boden sinkt. Bei diesem ‚Reinigungsprozess' wird die Kohle jeweils an der Oberfläche abgeschöpft. Die Abwässer sind danach mit Schwermetallen und anderen Umweltgiften belastet und müssen entsprechend behandelt werden. In der Aufbereitung von Braunkohle ist ein ausgiebiger Trocknungsvorgang zentrales Element. Braunkohle enthält bis zu 60 % Wasser, welches sich energetisch sehr ungünstig auf die Verbrennung auswirkt (vgl. RWE 2018). Das Wasser ist zum Großteil in den Kapillaren gebunden, sodass der Trocknung ein Zermahlen voran geht. Eine weitere Zerkleinerung vor der energetischen Verwertung erfahren sowohl Stein- als auch Braunkohle, um den Verbrennungsprozess zu optimieren und damit die Energieausbeute zu erhöhen.

3.1.4 Kernbrennstoffe

Wie bereits im Kapitel Beschaffung erläutert, wird Uran noch vor dem Export chemisch aufbereitet, nämlich zu Uranoxid. Es befindet sich nach dem Abbauprozess meist in Lösung, aus welcher es in der Regel mit Ammoniak ausgefällt wird. Danach wird es durch einen Brennvorgang sowohl getrocknet, als auch zu Uranoxid oxidiert[2]. Aufgrund seiner gelben Farbe bezeichnet man es als Yellowcake, welcher 70 bis 80 % Uran enthält (BPB 2013).

3.2 Aufbereitung Erneuerbarer Energieträger

Die meisten erneuerbaren Energieträger müssen vor ihrer Umwandlung in Endenergie nicht speziell aufbereitet werden. Sie werden in der Regel direkt eingesetzt in den ‚Kraftwerken' der unterschiedlichen Energiebereiche.

---

[2]Oxidieren: eine chemische Verbindung mit Sauerstoff eingehen.

3.2 Aufbereitung Erneuerbarer Energieträger

3.2.1 Sonne

Wie bereits im Kapitel Beschaffung dargelegt sind die aus der Ressource Sonne resultierenden Erneuerbaren Energieträger Wasser- und Windkraft, Solarstrahlung und Biomasse. Hierbei ist es lediglich die feste, flüssige und gasförmige Biomasse, die einem Aufbereitungsprozess unterliegt. Biomasse kann auf drei Arten zur Strom-, Wärme- und Treibstofferzeugung genutzt werden, durch:

- direkte Verbrennung
- Vergärung (Gas und Alkohol)
- Auspressen

Zur direkten *Verbrennung* wird hauptsächlich feste Biomasse eingesetzt. Ihre Aufbereitung beschränkt sich meist auf das Ernten, Zerkleinern und Trocknen der Biomasse (in der Regel Holz bzw. verholzte Pflanzenbestandteile). Lediglich die Herstellung von Holzpellets (Abb. 3.4) beansprucht etwas mehr Energie, da es sich bei Pellets um ein Gemisch aus Holzresten und Stärke handelt, welches speziell in Form gepresst wird.

Dieser Prozess läuft in Deutschland in der Regel nach DIN-Plus-Norm ab. Ausgangsmaterial sind Sägenebenprodukte, die beim Bearbeiten von Stammholz anfallen. Dieses Material wird über einen Schubboden in die Pelletieranlage eingespeist und getrocknet.

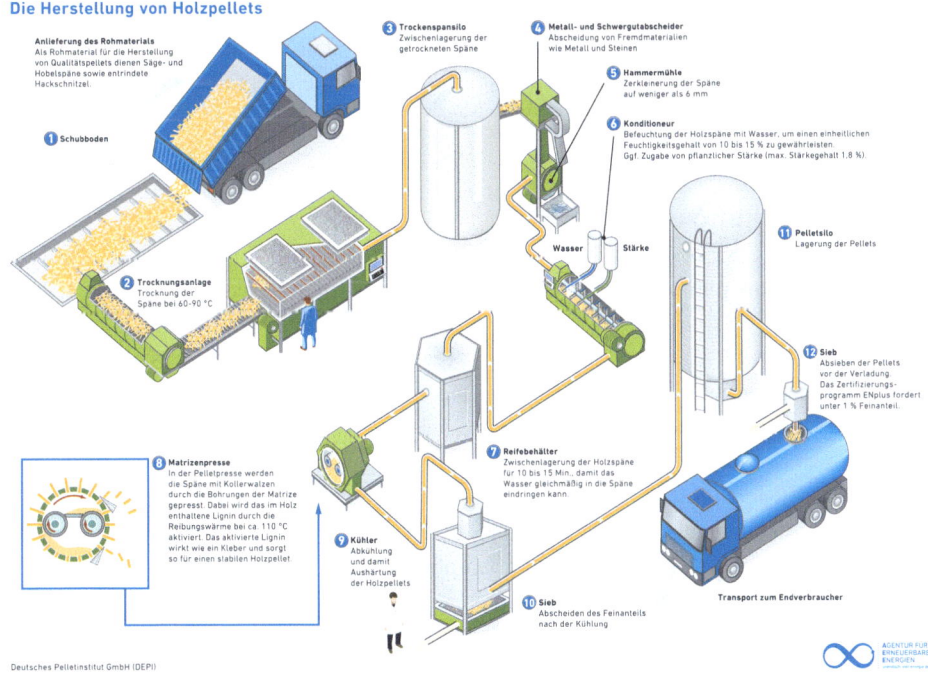

Abb. 3.4 Wie werden Holzpellets hergestellt? (Quelle: AEE 2017a)

Idealerweise kommt die benötigte Wärme hierfür auch aus erneuerbaren Quellen. Als nächstes folgt die Entfernung von Fremdmaterialien, wie Metallen und Steinen, bevor das Holzmaterial zur Zerkleinerung in die Hammermühle geht. Danach wandern die 4 mm Späne in einen Konditioneur, welcher für einen optimalen Wassergehalt zur Aktivierung der Klebeeigenschaften des Holzes sorgt und zusätzlich – falls nötig – Stärke zuführt. Dieses Gemisch geht anschließend in die Presse, wo es in Pelletform gepresst wird und allein aufgrund des im Holz enthaltenen Lignin und der zugegebenen Stärke verklebt.

Energieumwandlung durch *Vergärung* macht aus zucker-, stärke- und zellulosehaltiger Biomasse Alkohol oder Biogas. Diese muss hierfür geerntet und entsprechend zerkleinert werden. Allerdings ist auch eine Nutzung von Reststoffen bzw. auch Abfällen möglich, welche streng genommen dann nicht extra geerntet, aber entsprechend zusammengetragen werden müssen.

Auspressen umschreibt den Prozess der Extraktion von ölhaltiger Biomasse. Das so gewonnene Pflanzenöl kann direkt in angepassten Dieselmotoren oder Blockheizkraftwerken genutzt werden oder als Ausgangsstoff für Biodiesel dienen. Für Biodiesel wird aus dem Pflanzenöl ein Ester[3] hergestellt, meist ein Methylester. Auch hierfür muss die Biomasse geerntet und entsprechend zerkleinert werden, bevor sie zum Erzeugen von Endenergie eingesetzt werden kann.

3.2.2 Erde

Die Umwandlung der Erdwärme in Endenergie findet im Falle der Tiefengeothermie (Strom und Wärme) in der Regel über Wasser statt. Bei der oberflächennahen Geothermie (Wärme) findet die Umwandlung in Endenergie ebenfalls über Wasser oder andere Trägerflüssigkeiten statt.

3.3 Entstehung von Wärme

Wärme wird gemeinhin durch den chemischen Prozess der Verbrennung erzeugt. Die meisten Brennstoffe sind heute fossilen Ursprungs und bestehen vorwiegend aus Kohlenstoff und Wasserstoff. Bei einer Verbrennung reagiert ein Brennstoff mit Sauerstoff und setzt dadurch Energie in Form von Wärme und zum kleineren Teil auch Licht frei. Der Brennstoff wird oxidiert:

- Der enthaltene Kohlenstoff wird zu Kohlendioxid und bei unvollständiger Verbrennung auch teilweise zu Kohlenmonoxid.
- Der Wasserstoff-Anteil wird zu Wasserdampf umgesetzt.

---

[3]Ester entstehen aus der Reaktion einer Säure mit Alkohol unter Abspaltung von Wasser.

Enthält der Brennstoff noch andere Bestandteile, können diese auch oxidiert werden. Schwefelhaltige Energierohstoffe wie Kohle oxidieren deshalb auch zu Schwefeldioxid (SO_2).

3.3.1 Konventionelle Wärme

Die Wärmebereitstellung wird in Deutschland zu über 90 % von fossilen Energieträgern besorgt. Hauptenergieträger ist hierbei für die privaten Haushalte das Erdgas, dicht gefolgt von Erdöl bzw. Heizöl. Ein Großteil dieser Heizsysteme in privaten Haushalten funktioniert wassergeführt. In der Regel ist an zentraler Stelle (meist im Keller) ein Brenner installiert, der mit dem jeweiligen Brennstoff beschickt wird. Die Verbrennungswärme wird von einem Wasserkreislauf aufgenommen und über Pumpen in die jeweiligen Räume transportiert. Herkömmliche Heizsysteme leiten das Wasser mit relativ hohen Vorlauftemperaturen in freistehende Heizkörper, welche die Hitze über ihre Oberfläche an den Raum abgeben. Alternativ können sogenannte Flächenheizungen, also eigentlich Flächenheizkörper, über ihre große Oberfläche viel effizienter Wärme an den Raum abgeben und bedürfen deshalb sehr viel niedrigerer Temperaturen. Die effizienteste Flächenheizung ist nach wie vor die Fußbodenheizung. All diese Heizsysteme können auch mit Brennern ausgestattet werden, die mit Erneuerbaren Energieträgern beschickbar sind. Bis auf den Brennstoff für die Erdgasheizungen, welche über das fast deutschlandweit verfügbare Erdgasnetz (vgl. Abschn. 4.2 Erdgasnetz) versorgt wird, werden die anderen Brennstoffe direkt vor Ort gelagert. Das bedeutet für die Erneuerbaren Energieträger aufgrund ihres geringeren Energiegehaltes einen größeren Flächenbedarf für die Lagerung bzw. mehrere Anlieferungen pro Heizperiode als im konventionellen Bereich. Einige Haushalte versorgen sich auch noch dezentral über Kohle bzw. Koks getriebene Heizungen. Diese transportieren die Wärme selten über Wasser, sondern nutzen die Raumluft zur Erwärmung. Diese Erwärmung kann über Brennöfen dezentral in jedem Raum stattfinden oder etwa über eine Umluftheizung mit zentralem Brenner im Keller. Die Erwärmung des Brauchwassers geschieht meist über einen am Brenner angegliederten Wasserspeicher, der in der Regel ‚Pufferspeicher' genannt wird, wie in Abb. 3.5 (den im Übrigen oft auch wassergeführte Heizungssysteme nutzen). So kann die Wärme unabhängig vom Erzeugungszeitpunkt genutzt werden. Um die Wärmeverluste möglichst gering zu halten, haben Pufferspeicher eine starke Wärmedämmung.

Ein weiteres dezentrales System ist die Erzeugung von Wärme mit einer Wärmepumpe. Mithilfe der Wärmepumpe können geringe Temperaturen in einer Trägerflüssigkeit potenziert werden. Dies geschieht über die Veränderung des Umgebungsdruckes im Pumpensystem und ist deshalb möglich, da sich Gase unter Druck erwärmen. Dieser Effekt ist z. B. bei einer Luftpumpe spürbar. In einem ersten Schritt nimmt ein Wärmetauscher die Wärme der Umgebung (Wasser, Erde oder Luft) über ein flüssiges Kältemittel auf. Dieses verdampft mit zunehmender Temperatur. Ein elektrischer Kompressor

Abb. 3.5 Zentraler Brenner mit 1000 L Pufferspeicher

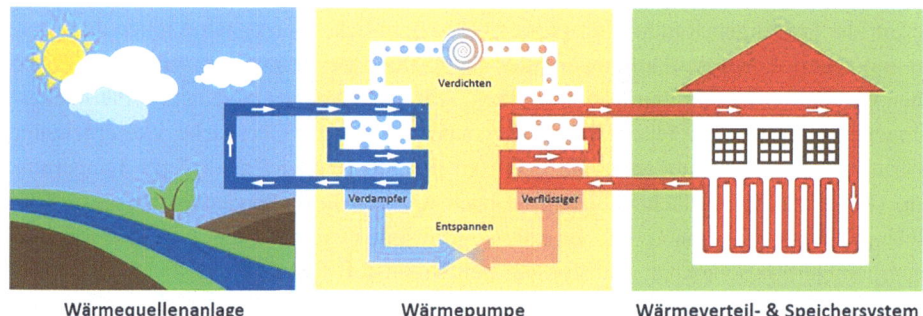

Abb. 3.6 Prinzip Wärmepumpe

verdichtet oder spannt in Folge diesen Dampf, was ihn zunehmend erhitzt. Das daraus entstehende Heißgas wird nun im nächsten Wärmetauscher wieder verflüssigt und gibt während dieses Prozesses die Wärme an das Heiz- oder Warmwasser ab, bis die gewünschte Temperatur erreicht ist. Dadurch ‚entdichtet' bzw. entspannt sich das Kältemittel kontinuierlich, bis es am sogenannten Expansionsventil schlagartig komplett entspannt wird. Hierdurch nimmt die Temperatur des Kältemittels ebenfalls augenblicklich ab und wird erneut verdampft, um maximal Energie aus der Umgebung aufnehmen zu können. Das Prinzip Wärmepumpe wird in Abb. 3.6 dargestellt.

Wie effizient eine Wärmepumpe arbeiten kann, bemisst sich an ihrer sogenannten *Leistungszahl*. Die Leistungszahl einer Wärmepumpe errechnet sich aus der abgegebenen Wärmeleistung geteilt durch die benutzte elektrische Leistung, also in welchem Verhältnis aus Strom Wärme produziert werden kann. Optimalerweise sollte sie zwischen vier und fünf liegen, also für eine Heizleistung von 4–5 kWh Wärme ca. 1 kWh Strom benötigt werden. Wärmepumpen können entweder mit Temperaturunterschieden der umgebenden Luft-, Wasser- oder Bodentemperatur arbeiten, was sich namensgebend als Luft-, Wasser- bzw. Erdwärmepumpe niederschlägt.

3.3 Entstehung von Wärme

Auch über den Einsatz kleiner und kleinster Blockheizkraftwerke vor Ort kann Wärme erzeugt werden. Dies geschieht dann meist als ‚Abfallprodukt' der Stromproduktion, denn hier wird Strom über das *Prinzip Strom durch Wärme* erzeugt, welches im nachfolgenden Kapitel erklärt wird. Blockheizkraftwerke sind modular aufgebaute, meist kleinere Heizkraftwerke (<1 MW), welche vor allem mit Gas betrieben werden. Sie beruhen auf der Funktionsweise von Verbrennungsmotoren, welche in Kolben Kraftstoff-Luftgemische zünden und durch die Ausdehnung Bewegung erzeugen. Es handelt sich um eine Kombination von Motor und Generator: Der Motor erzeugt mit Energie, explizit mit Wärme, Bewegung und der Generator mit Bewegung – den Gesetzmäßigkeiten der Induktion folgend – Energie. In diesem Fall Strom und als erwünschtes Abfallprodukt weit mehr Wärme als Strom (vgl. Abb. 3.7). Bei der Stromerzeugung in einem Blockheizkraftwerk entsteht auf zweierlei Art Abwärme, zum einen im Motor, der mit Wasser gekühlt wird, das sich dabei erhitzt. Zum anderen durch die Verbrennung der erzeugten Abgase. Beides wird mit Hilfe von Wärmetauschern genutzt.

Die Bereitstellung von Gebäudewärme kann aber auch über zentrale Systeme außerhalb der Wohnbauung erfolgen, über sogenannte Heizkraftwerke, die ausschließlich Wärme bereitstellen. Oder über Kraftwerke zur Stromproduktion, die ihre Abwärme über eine sogenannte Fernwärmeschiene nutzen und damit ihre Energieausbeute wesentlich erhöhen. Der Begriff Fernwärme umschreibt dabei die Lieferung großer Mengen thermischer Energie zur Versorgung von Gebäuden mit Heizung und Warmwasser, teilweise über größere Entfernungen. Der Transport erfolgt leitungsgebunden über ein wärmegedämmtes Rohrsystem. Diese Leistung wird hauptsächlich von großen konventionellen Kraftwerken, sowohl aus dem Wärme- als auch aus dem Strombereich, erbracht. Für dezentrale Erzeugungseinheiten, die ihre Wärme in nächster Nähe vertreiben, wird der

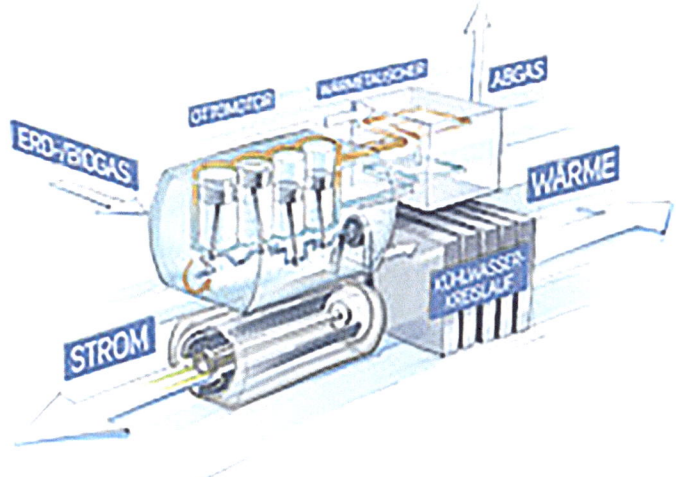

Abb. 3.7 Blockheizkraftwerk. (REWAG 2018)

Begriff Nahwärme verwendet. Während sie den Vorteil haben weniger Übertragungsverluste zu erleiden, können große zentrale Einheiten Rohstoffe einsparen, indem sie im optimierten Betrieb laufen, sowohl was die Beschaffung, als auch die Umwandlung der Brennstoffe angeht.

Um höhere Gesamtwirkungsgrade zu erzielen, werden Biomassekraftwerke allerdings meist in Kraft-Wärme-Kopplung betrieben (vgl. *Prinzip Strom durch Wärme* im folgenden Abschn. 3.4 Entstehung von Strom).

3.3.2 Erneuerbare Wärme

Der kleine Bereich Erneuerbare Wärme wird von Energieträgern aus fester Biomasse, vordringlich Holz unterschiedlichster Größe und Form, dominiert. Es folgen, wie in Abb. 3.8 dargestellt, Gase aus Biogasanlagen, Deponien und Kläranlagen. Weitere Quellen sind die oberflächennahe Geothermie, Solarthermie, flüssige Biomasse und zu geringen Anteilen die Tiefengeothermie.

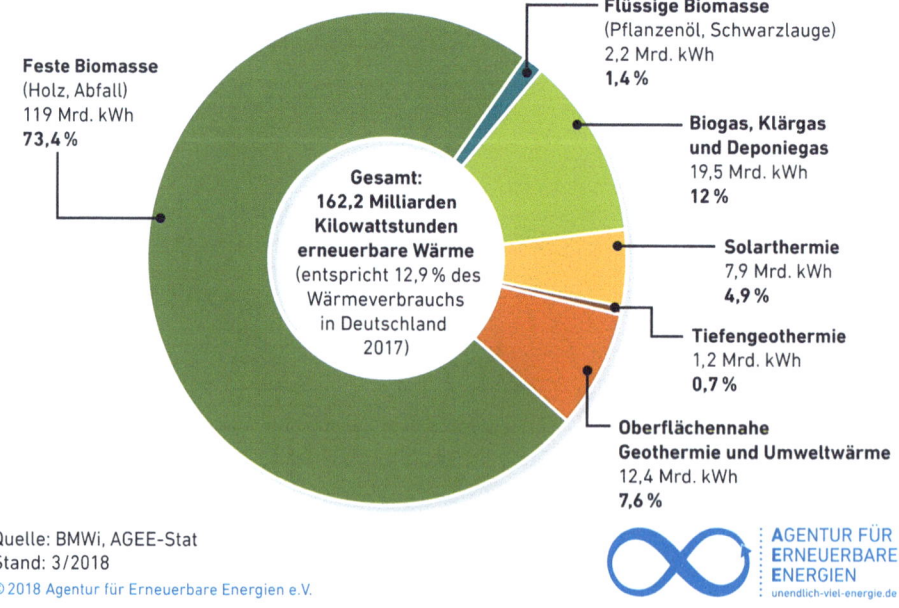

Abb. 3.8 Wärme aus Erneuerbare Energien. (Quelle: AEE 2017b)

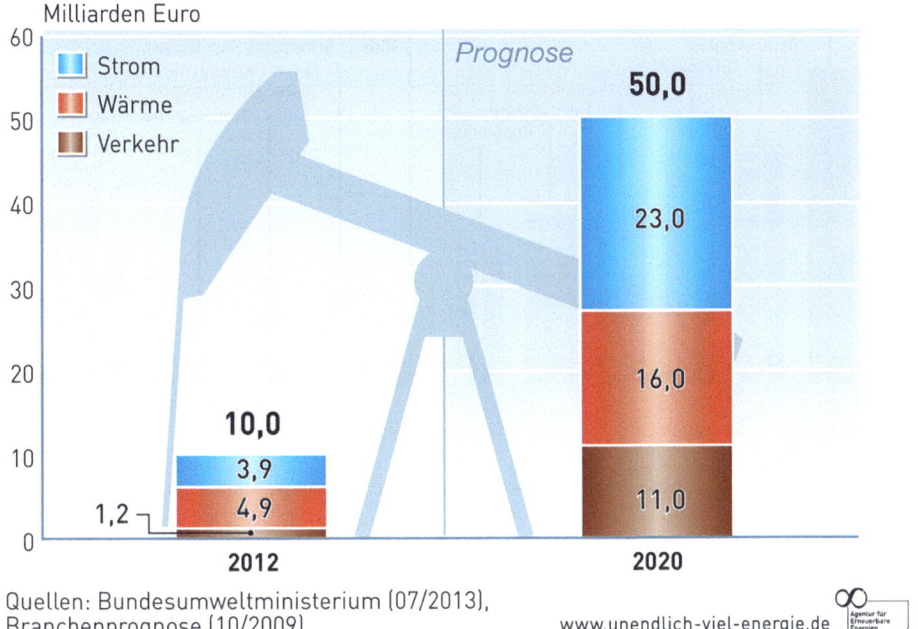

Abb. 3.9 Durch Erneuerbare Energien vermiedene Brennstoffimporte. (Quelle: AEE 2013a)

Der Bereich der erneuerbaren Wärme verfügt über ein sehr großes Potenzial zur Einsparung von Brennstoffimporten (vgl. Abb. 3.9), da hier sehr viel fossiles Erdgas ersetzt werden kann, welches zum Großteil importiert wird (vgl. Abschn. 2.1.1 Erdöl und Erdgas).

Analog zur Vermeidung von Brennstoffimporten sind die Potenziale zur Einsparung von Treibhausgasen enorm, wie Abb. 3.10 zeigt.

Brennstoff Holz

Die Nutzung von Holz als Energiequelle ist in Deutschland besonders sinnvoll, da es allen voran das waldreichste Land in Europa ist. Außerdem wird hier seit mehr als 200 Jahren nachhaltige Forstwirtschaft betrieben.

Nachhaltige Forstwirtschaft bedeutet, es wird mehr angepflanzt als geerntet, bzw. es gibt mehr Zuwachs als Nutzung. Idealerweise wird Holz nicht als ursprünglicher Rohstoff der thermischen Nutzung zugeführt, sondern erst nach einer stofflichen Nutzung (Kaskadennutzung). Wichtig ist außerdem die energetische Verwertung von Rest- und Abfallstoffen, wie es beispielsweise die Pellets-Nutzung ermöglicht (vgl. Abschn. 3.2.1 Aufbereitung erneuerbarer Energieträger Sonne).

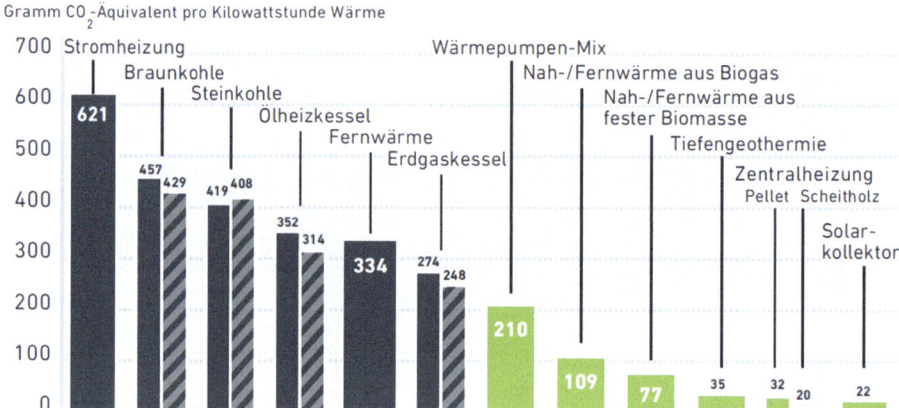

Abb. 3.10 Treibhausgasemissionen von fossiler und Erneuerbarer Wärme. (Quelle: AEE 2016b, S. 17)

Vordringlich wird Holz im Bereich Wärme in Form von Scheiten verwendet. Darauf folgen Holzhackschnitzel, also geschreddertes Holz in unterschiedlichen Trocknungsstadien. Des Weiteren spielen die Holzprodukte Pellets und Briketts eine Rolle in Deutschland, welche im Idealfall Abfallprodukte sind. Die Qualität des Holzes und sein Brennwert variiert mit Art und Form. Dies findet auch Niederschlag im Ascheaufkommen und der Feinstaubentstehung, welche beispielsweise für Holzpellets die besten bzw. geringsten Werte liefert.

Brennstoff Biogas

Biogas ist ein Gasgemisch, welches aus ca. 50–65 % Methan und ca. 35 % Kohlendioxid besteht. Es ist ein Produkt des natürlichen Abbaus organischer Stoffe, tierischen oder pflanzlichen Ursprungs. Biogas entsteht durch die Aktivität von anaeroben Bakterien, also unter Luftabschluss. In einer Biogasanlage wird quasi ein ‚Verdauungsprozess' kontrolliert in Gang gesetzt. Dabei entstehen unterschiedliche Gase, hauptsächlich Methan, welches sich wie fossiles Erdgas für eine energetische Nutzung bestens eignet. Dieses Biogas kann vor Ort ohne Umwandlung mithilfe eines Blockheizkraftwerkes (vgl. Abschn. 3.3.1 Konventionelle Wärme) genutzt werden. Allerdings muss das Biogas nicht vor Ort genutzt werden, denn durch eine entsprechende Aufbereitung auf Erdgasnetzqualität kann es auch ins Erdgasnetz eingespeist werden. Eine Entnahme kann dann an beliebiger Stelle und zu beliebigem Nutzen stattfinden.

Brennstoff Schwarzlauge

Bei Schwarzlauge handelt es sich um ein Abfallprodukt der Papierherstellung, welches vor allem im industriellen Wärmebereich Anwendung findet. Sie entsteht bei

3.3 Entstehung von Wärme

der Trennung des Lignins vom Zellstoff des Holzes, welcher die Papierfasern bildet. Schwarzlauge ist ein Gemisch aus gelösten Holzsubstanzen (vor allem Lignin) mit Wasser und Chemikalien, welche in sogenannten Rückgewinnungsanlagen eingedickt und verbrannt wird. Der organische Anteil setzt dabei Energie frei, welche zur Erzeugung von Strom und Prozesswärme für die weitere Papiergewinnung oder andere industrielle Prozesse genutzt wird. Der anorganische Anteil, also die verbrauchten Chemikalien werden über verschiedene weitere Prozessstufen wieder in Einsatzchemikalien umgewandelt (vgl. UBA 2018).

‚Brennstoff' Erdwärme

Ganz ohne Brennstoffe kommen die Prozesse der geothermalen Wärmegewinnung aus. Bei ihr wird die Wärme des Erdreiches genutzt. Oder genauer gesagt der stetige Temperaturunterschied zwischen dem Erdreich mit seinen wasserführenden Schichten und der Luft ausgenutzt. Dieser Unterschied beträgt zwar meist nur wenige Grad, aber mit der Wärmepumpe (vgl. Abschn. 3.3.1 Konventionelle Wärme) lässt sich dieser Unterschied vervielfachen und für die Erzeugung von Raumwärme und Brauchwasser nutzen. Eine optimale Ausnutzung dieser Wärme wird über eine Flächenheizung erreicht, denn diese braucht nur niedrige Vorlauftemperaturen, z. B. die Fußbodenheizung. Die oberflächennahe Geothermie arbeitet zum Heizen entweder mit Erdwärmekollektoren, wie in Abb. 3.11, oder mit Erdwärmesonden, wie in Abb. 3.12.

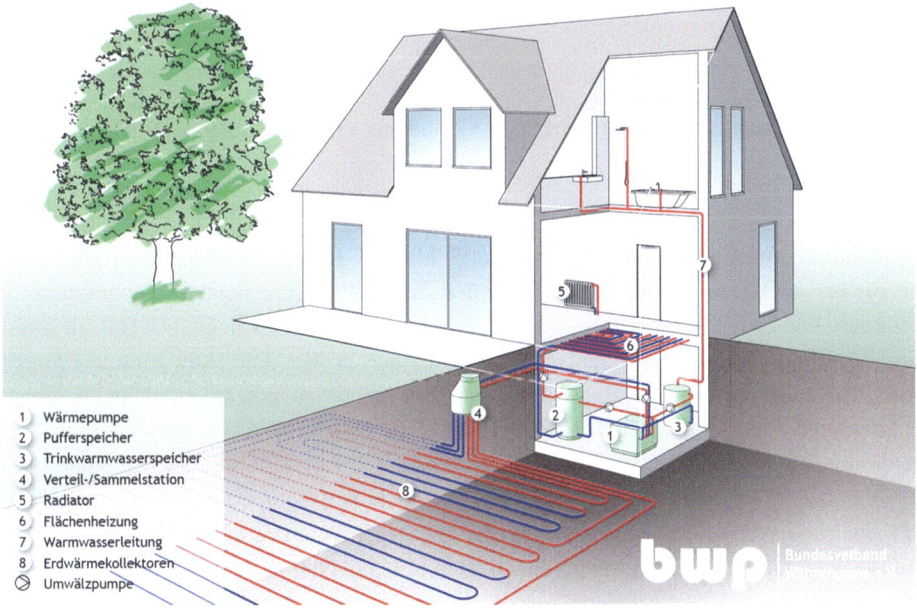

Abb. 3.11 Funktionsprinzip oberflächennahe Geothermie mit Erdwärmekollektoren. (Quelle: BWP 2018a)

Wärmepumpe mit Erdwärmesonden

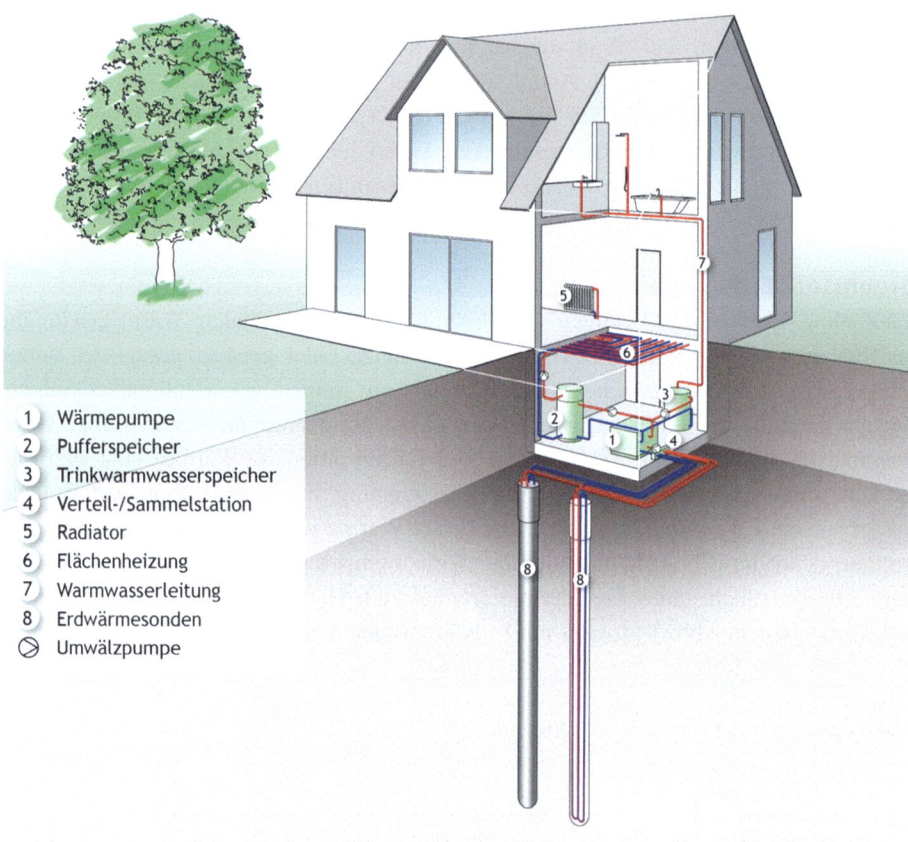

1. Wärmepumpe
2. Pufferspeicher
3. Trinkwarmwasserspeicher
4. Verteil-/Sammelstation
5. Radiator
6. Flächenheizung
7. Warmwasserleitung
8. Erdwärmesonden
⊗ Umwälzpumpe

Abb. 3.12 Funktionsprinzip oberflächennahe Geothermie mit Erdwärmesonden. (Quelle: BWP 2018b)

Während eine Erdwärmesonde oberflächlich einen geringeren Platzbedarf hat, muss sie oft bis zu 100 m Tiefe abgesenkt werden, um auf entsprechende Temperaturen zu kommen. Für Erdwärmekollektoren hingegen reicht eine Tiefe von ca. 80–160 cm meist aus. Allerdings ist hier der Flächenbedarf wesentlich größer. Die Erdwärme aus Sonde oder Kollektor wird in der Regel über eine Wärmepumpe potenziert, dann in einem Pufferspeicher gesammelt und anschließend zum Heizen und für die Warmwasserbereitung zur Verfügung gestellt. In Gebieten mit hoher tektonischer Aktivität (vgl. Abschn. 2.2.5 Geothermie) und dementsprechend hohen Temperaturen im Untergrund bzw. in wasserführenden Schichten, bedarf es keiner Potenzierung durch die Wärmepumpe. Hier kann das Erdwärmepotenzial auch über ein Nahwärmenetz verteilt werden.

3.3 Entstehung von Wärme

‚Brennstoff' Solarstrahlung

Die Nutzung der Solarstrahlung für den Wärmebereich funktioniert ebenfalls brennstofffrei und vorrangig mit Solarthermieanlagen. Diese bestehen im Prinzip aus einem Sammelgefäß (Kollektor), mit von Trägerflüssigkeit durchflossen wärmeabsorbierenden (schwarzen) Röhren, und einem Wärmetauscher. Der Kollektor wird in einem optimalen Winkel zur Sonneneinstrahlung aufgestellt, um möglichst viel Wärme einzufangen. Die erwärmte Trägerflüssigkeit gibt diese Wärme in den Brauchwasserkreislauf eines Gebäudes oder sonstiger Anlagen ab. Idealerweise wird diese solare Wärme zur Warmwasserbereitung und zur Heizungsunterstützung genutzt. Besonders viel solare Wärme steht in der Regel in den Mittagsstunden zur Verfügung. Über Zeitschaltuhr können größere Warmwasserverbraucher, wie beispielsweise im Haushalt Wasch- und Geschirrspülmaschinen, auf diese Zeit programmiert werden. Sie heizen nämlich in der Regel mit Strom vor, was somit vermieden werden kann.

Gerade im Bereich der erneuerbaren Wärme sind Kombinationen von brennstoff- und nicht-brennstoffbasierten Technologien möglich. Etwa die von Holz- und Solarwärme, wie das folgende Schema in Abb. 3.13 zeigt.

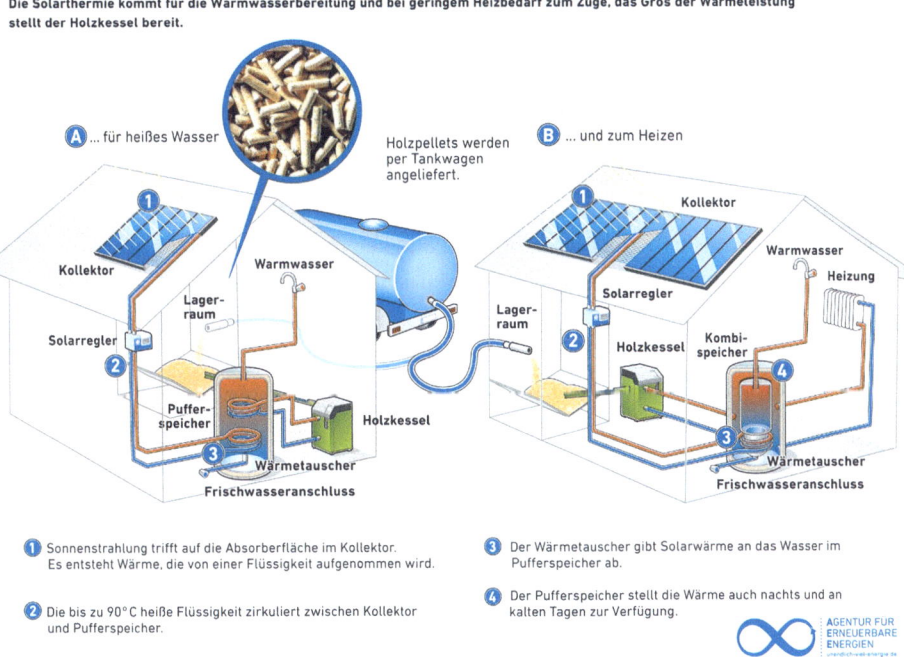

Abb. 3.13 Kombination Holz- und Solarwärme. (Quelle: AEE 2017c)

3.4 Entstehung von Strom

Wie im Kapitel Wärme bereits mehrfach erwähnt, produzieren einige Heizungstechnologien zusätzlich Strom oder besser gesagt ist Wärme oft ein Abfallprodukt der Stromerzeugung. Der Strom ist der treibhausgaslastigste Energiebereich, obwohl in Deutschland deutlich mehr Wärme als Strom benötigt wird. Das rührt zum einen daher, dass die Herstellung von Strom äußerst aufwendig ist und vor allem im konventionellen Bereich von sehr geringer Effizienz geprägt. Das Verhältnis von Primärenergie zu Endenergie ist schlecht. Zum anderen ist der in Deutschland verwendete Primärenergieträger im Strombereich die Braunkohle, welche innerhalb der fossilen Brennstoffe den höchsten CO_2 Ausstoß bei der Verbrennung besitzt (vgl. Abb. 5.3).

Es gibt generell zwei Möglichkeiten der Stromentstehung (lässt man bewusst die Stromentstehung durch Blitze oder ähnliche Phänomene weg):

- Strom durch Induktion
- Strom durch den fotovoltaischen Effekt

Um Strom durch Induktion zu produzieren bedarf es eines Drahts bzw. einer Spule (Draht mit diversen Wicklungen) und eines Magneten. Beide besitzen ein Magnetfeld. Wenn der Magnet durch die Spule bewegt wird (oder umgekehrt) entsteht eine elektrische Spannung bzw. Strom. Physikalisch gesprochen wird bei diesem Vorgang Bewegungsenergie in elektrische Energie umgewandelt. Die Vorrichtung aus bewegtem Magneten in der Spule nennt man Generator (Abb. 3.14). Je nach Generatorart kann Gleich- oder Wechselstrom produziert werden. Hierbei unterliegen die mechanisch beweglichen Teile einer gewissen Abnutzung und es entsteht zu einem nicht unwesentlichen Teil Wärme.

Der fotovoltaische Effekt beschreibt die Fähigkeit bestimmter Materialien, Licht – als Teil der Strahlungsenergie – direkt in elektrischen Strom umzuwandeln. Er wird in

Abb. 3.14 Versuchsaufbau Stromgestehung oder Generator

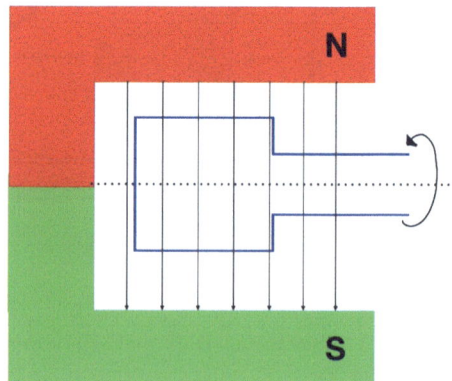

der Regel mittels Fotovoltaikzellen zur Stromentstehung genutzt. Die Zellen sind so aufgebaut, dass in ihnen zwei unterschiedlich dotierte (gezielt mit anderen Materialien verunreinigte) Halbleitermaterialien gegeneinander aufgebracht sind. Diese beiden Halbleiter können aufgrund ihrer physikalischen Eigenschaften, Photonen (Licht- bzw. Strahlungsquanten) aufnehmen. Dieser durch die Strahlungsenergie ausgelöste Energieüberschuss versetzt die Elektronen im Halbleitermaterial in einen angeregten Zustand und damit in Bewegung. Sie bewegen sich durch die sogenannte Grenzschicht zwischen den Materialien und hinterlassen ein freies Elektron-Loch-Paar. Durch die Ladungsverschiebung entsteht eine Fotospannung, bzw. ein entsprechender Fotostrom, welcher durch Elektroden abgenommen werden kann. Es handelt sich um Gleichstrom. Bei der Stromentstehung mittels fotovoltaischem Effekt gibt es keine mechanisch bewegten Teile, weshalb sehr wenig Abwärme entsteht. Allerdings unterliegen insbesondere die Halbleitermaterialien einer gewissen Degradation.

3.4.1 Geschichte der Stromproduktion

Bevor im Zuge der industriellen Revolution die Erfindung bzw. Verbesserung der Dampfmaschine stattfand, wurden Produktionsstätten und Haushalte dezentral maßgeblich über erneuerbare Energieträger versorgt. Die ersten Kraftwerke zur Stromproduktion kamen in den 1880er Jahren auf und wurden noch mit Wasserturbinen betrieben. So auch das weltweit erste elektrische Kraftwerk 1881 im englischen Godalming (vgl. Siemens 2007). Mit dem erzeugten Strom wurden Straßenlampen erleuchtet. Ähnliches wollte auch Thomas Edison erreichen, um nämlich seine Glühbirnen verkaufen zu können. Er nahm 1882 in New York das erste kleine Kohlekraftwerk in Betrieb, es wurde mit Dampfmaschinen beschickt und hatte einen sehr geringen Wirkungsgrad. In Deutschland errichtete man ebenfalls bereits Ende der 1880er Jahre die ersten Kraftwerke in Berlin. Um den Strom über weitere Entfernungen transportieren zu können, entstanden in Deutschland 1917 die ersten Hochspannungsleitungen. Der Wirkungsgrad von Kraftwerken steigerte sich maßgeblich durch den Einsatz von Dampfturbinen zu Beginn des 20. Jahrhunderts, welche bis heute Anwendung finden (vgl. BPB 2013). Alle diese Anwendungen wurden und werden nach wie vor weltweit vom Brennstoff Kohle dominiert. So war es auch die sichere Versorgung mit Kohle in Europa, welche zur Gründung der Europäischen Gemeinschaft – damals noch mit dem Zusatz für Kohle und Stahl (EGKS) – führte. Der Gründungsvertrag dieser auch als ‚Montanunion' bezeichneten Übereinkunft wurde am 18. April 1951 von Belgien, der Bundesrepublik Deutschland, Frankreich, Italien, Luxemburg und den Niederlanden in Paris unterzeichnet (deshalb auch Pariser Vertrag!). Damit war die erste Stufe einer echten Integration erreicht und die Grundlage für alle weiteren Integrationsschritte in Richtung der EU von heute gelegt (vgl. BPB 2016).

Die rasch voranschreitende Ausweitung des Elektrizitätsnetzes in Deutschland zu Beginn des 20. Jahrhunderts führte zu einer zentral organisierten Stromversorgung (vgl. Janzing 2002). Diese wurde durch ein Monopol (Strommonopol) geschützt, welches den Zugang beschränkte und die NutzerInnen an einen einzigen Anbieter band. Die auf fossile Brennstoffe ausgelegte Stromproduktion wurde immer stärker auch von Importen abhängig. So begann man nach Ende des zweiten Weltkrieges mit der Suche nach einer neuen Energiequelle, neben den Primärenergieträgern Kohle und Öl. Deutschland entschied sich für die Kernkraft, welche sich optimal in die Struktur der zentralistischen Netzversorgung einfügte (vgl. Oelker 2005). Wie zuvor für die Kohleversorgung, sicherte die Europäische Union die Kernenergie über entsprechende Verträge und Institutionen ab, allen voran die Europäische Atomenergiebehörde (EURATOM). Die Erneuerbaren Energieträger spielten bis in die 1970er Jahre keinerlei Rolle. Dieser Zeitgeist änderte sich schleppend, unter anderem durch Veröffentlichungen wie Rachel Carsons ‚Stummer Frühling', die häufig als Ausgangspunkt der weltweiten Umweltbewegung bezeichnet wird, sowie die Studie des Club of Rome ‚Die Grenzen des Wachstums'. Beide Werke adressierten die fatalen Auswirkungen und Folgen des wirtschaftlichen Wachstums auf die natürliche Umwelt des Menschen und genossen großes öffentliches Interesse. Die erste Ölpreiskrise, ausgelöst durch Erhöhungen der Rohölpreise in den Exportländern, und der zunehmende Protest gegen die Kernenergienutzung, veranlassten das Bundesforschungsministerium 1977 seine Bemühungen z. B. um die Windenergieforschung wieder aufzunehmen. Diese Bemühungen blieben allerdings bis zur beginnenden Liberalisierung des Strommarktes Anfang der 1990er Jahre erfolglos. Am 01.01.1991 verabschiedete der Deutsche Bundestag das ‚Stromeinspeisegesetz', welches bestimmte, dass die Stromversorgungsunternehmen von nun an Strom aus regenerativen Energiequellen ins Netz aufnehmen und vergüten müssen. Mit dem Fall des Strommonopols im April 1998 konnten die NutzerInnen schließlich frei ihren Stromanbieter wählen und somit verstärkt erneuerbare Technologien fördern (Jarass 1980). Das Stromeinspeisegesetz wurde 2000 durch das ‚Erneuerbare-Energien-Gesetz (EEG)' abgelöst, welches explizit den Ausbau und die Privilegierung der Erneuerbaren Energien im Strombereich regelte.

3.4.2 Konventioneller Strom

Konventioneller Strom wird ausschließlich durch Induktion erzeugt. Hierzu bedarf es Bewegungsenergie, um den Generator anzutreiben. Die benötigte Bewegungsenergie zum Antrieb des Generators wird meistens über verschiedene Turbinen, bereitgestellt. Eine Turbine oder auch Strömungsmaschine ist mit unterschiedlichen Schaufeln, Rotoren oder Wellen ausgestattet. Diese sind zentral verankert und rotieren. Die Rotation innerhalb der Turbine kann durch Wasser-, Wind- oder Gasdruck (v. a. auch in Form von Dampf) erzeugt werden. Den prinzipiellen Aufbau einer Turbine am Beispiel Wind, zeigt Abb. 3.15.

In der konventionellen Stromerzeugung werden die Turbinen hauptsächlich mit Dampfdruck, sprich über Wärme angetrieben. Strom wird also in der Regel durch

Abb. 3.15 Prinzip Turbine. (Quelle: BWE 2017)

Wärme produziert. Die Wärme kommt aus der Verbrennung unterschiedlicher fossiler Brennstoffe und der Spaltung von Uran. Prinzipiell unterscheidet man zwei Arten von Turbinen für dieses *Prinzip Strom durch Wärme*. Zum einen handelt es sich um die *Dampfturbine*, welche sich in den Strömungen des heißen Wasserdampfes dreht. Sie wird als geschlossener Wasserkreislauf betrieben, in dem Wasser zu Dampf erhitzt wird und danach wieder zu Wasser kondensiert. Sie kommt also lediglich mit dem produzierten Dampf in Kontakt, nicht aber mit dem eingesetzten Brennstoff. Dampfturbinen können für unterschiedliche Druckverhältnisse ausgelegt sein, meist Hoch-, Mittel- und Niederdruck. Sie werden nacheinander geschaltet, um den jeweiligen Druck des Dampfes optimal in Drehbewegung umsetzen zu können. Der zweite Turbinentyp ist die *Gasturbine*. Sie dreht sich nicht im heißen Dampf des Wasserkreislaufes, sondern direkt in den heißen Verbrennungsabgasen des Brennstoffes. Während Dampfturbinen mit bis zu 650 °C heißem Dampf betrieben werden, bringen es die Gase der Gasturbine auf bis zu 1500 °C Temperatur. So kann die Wärme nach Passage der Gasturbine und Stromproduktion immer noch Dampf für eine nachgelagerte Dampfturbine produzieren, die einen weiteren Generator zur Stromproduktion antreibt.

Egal welche Turbine zum Einsatz kommt, es entsteht beim Prinzip Strom durch Wärme oder auch *Kraft durch Wärme* sehr viel Abwärme, hinzu kommt noch die bereits erwähnte Abwärme des Generators. Diese gesamte Abwärme bleibt in der Regel ungenutzt und wird an die Umgebung abgegeben. Das macht die Erzeugung *Strom durch Wärme* in konventionellen Kraftwerken sehr ineffizient. Hinzu kommen Übertragungsverluste durch das Stromnetz. Die Bilanz Primärenergie zu Endenergie (auch *Wirkungsgrad* genannt) sieht dann besonders schlecht aus, wenn eine reine Dampfturbine betrieben und die Abwärme keiner Nutzung zugeführt wird, wie folgendes Schema zeigt (Abb. 3.16).

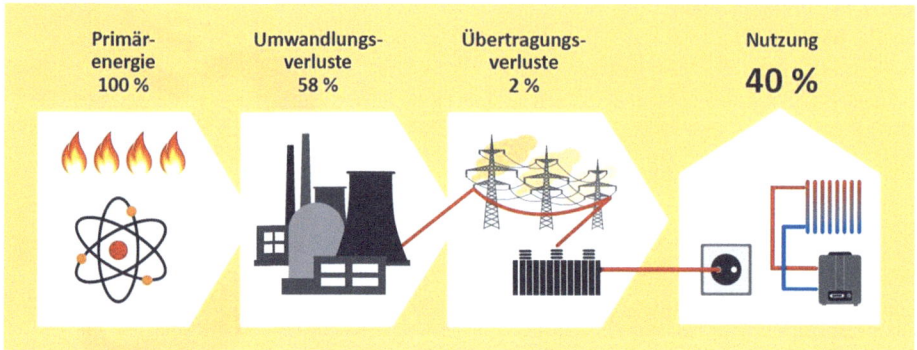

Abb. 3.16 Prinzip *Strom durch Wärme*, zentrales konventionelles Kraftwerk, ohne Wärmenutzung

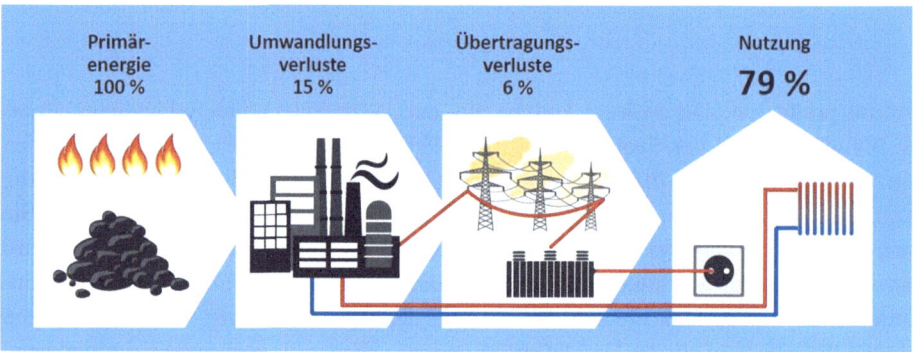

Abb. 3.17 Prinzip Strom durch Wärme, zentrales konventionelles Kraftwerk, mit Wärmenutzung

Die Ausbeute an Endenergie und in diesem Fall das Prinzip Strom durch Wärme verbessert sich maßgeblich durch eine Nutzung der Abwärme. Wie ianhand eines Beispiels für einen privaten Haushalt gezeigt (vgl. Abb. 3.17), lässt sich die Efizienz steigern indem die Wärme nicht separat bereitgestellt wird. Diese gleichzeitige Produktion von Strom mit Nutzung der Abwärme wird auch *Kraft-Wärme-Kopplung (KWK)* genannt.

Eine weitere Verbesserung des Wirkungsgrades, also der Energieausbeute, kann im zentralen Kraftwerksbereich durch die Nutzung von Erdgas mithilfe einer Gas- und Dampfturbine stattfinden. In der Gasturbine treibt bereits die Verbrennung des Gas-Luftgemisches eine Turbinenwelle mit sehr hohen Temperaturen an, so dass die ‚Abwärme' noch für die Dampfproduktion der nachgelagerten Dampfturbine ausreicht. Dadurch kommt es zu einer noch effizienteren Nutzung des Brennstoffes und somit höheren Endenergieausbeute. Optimalerweise sind auch diese Kraftwerke an eine Fernwärmeschiene angeschlossen und versorgen Haushalte sowie Industrie mit Abwärme.

3.4 Entstehung von Strom

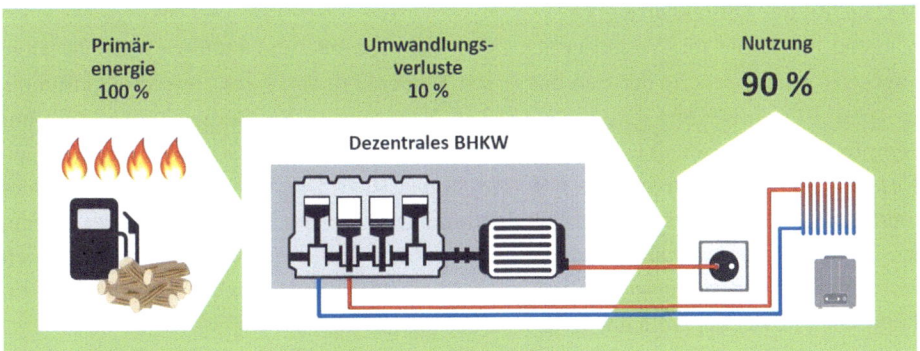

Abb. 3.18 Prinzip Strom durch Wärme, dezentrales Kraftwerk, mit Wärmenutzung – Kraft-Wärme-Kopplung

Eine weitere Effizienzsteigerung kann nur durch eine dezentrale Stromproduktion in Kraft-Wärme-Kopplung erreicht werden, optimalerweise über Erdgas oder Erneuerbare Energieträger in einem sogenannten Blockheizkraftwerk (vgl. Abschn. 3.3.1 Konventionelle Wärme), wie in Abb. 3.18.

Wird die Abwärme in Großkraftwerken nicht genutzt, muss der Produktionsprozess gekühlt werden. Insbesondere bei den Kernkraftwerken ist das essenziell. Hierfür wird meist Oberflächenwasser aus Flüssen entnommen und danach wieder in vollem Umfang an das Gewässer abgegeben. Der Wärmeeintrag dieser Durchlaufkühlung für das Gewässer kann erheblich sein und das aquatische Ökosystem gefährden. Deshalb unterliegen die Kraftwerke Umweltregularien, die die Entnahme des Wassers regulieren, sowie die Temperatur des eingeleiteten Wassers definieren, sogenannte Wärmelastpläne. Eine andere Möglichkeit der Kühlung besteht durch Ablaufkühlung in einem Kühlturm. Hier wird der verbleibende Dampf beim Aufsteigen am Turm zu Wasser kondensiert und abgekühlt, bevor er zurück in das Gewässer geleitet wird oder in einem geschlossen System zirkuliert. Kraftwerke mit einer Ablaufkühlung stellen somit eine geringere Gefährdung für Gewässer dar, allerdings trägt der entweichende Wasserdampf zum Treibhauseffekt in der Atmosphäre bei. Kraftwerke mit Durchlaufkühlung befinden sich in Deutschland meist an der Küste, sowie am Rhein (vgl. Bieritz 2015).

Kohlekraftwerke

Der Brennstoff ist meist Braun- oder Steinkohle, welches vom Energiegehalt einen sehr großen Unterschied macht. Während Steinkohlekraftwerke unabhängig von der Lage ihrer Rohstoffvorkommen errichtet werden, geschieht die Braunkohleverstromung direkt an der Förderstelle. Wegen des bereits erwähnten niedrigen Energiegehalts lohnt sich ein Transport über größere Entfernungen zu einem woanders gelegenen Kraftwerk nicht. Die Kohleverstromung hält weltweit den größten Anteil in der Energiewirtschaft mit fast 40 % (vgl. BGR 2017).

Geschichte der Kohlekraftwerke

Während die Kohle im Wärmebereich (auch bei Gewerbe und Industrie) bereits lange eingesetzt wurde, dauerte der Bau des ersten Kohlenkraftwerks zur Stromproduktion bis ins späte 19. Jahrhundert. Es wurde 1882 in New York in Betrieb genommen und mit Dampfmaschinen beschickt. Dampfmaschinen hatten damals noch einen sehr geringen Wirkungsgrad, meist nur um die 1 % (Paschotta 2018). Der Wirkungsgrad von Kohlekraftwerken steigerte sich maßgeblich durch den Einsatz von Dampfturbinen zu Beginn des 20. Jahrhunderts. Dampfturbinen dienen in den deutschen Kohlekraftwerken noch heute mit Gesamtwirkungsgraden von circa 30 bis 45 %. In Deutschland wurde 1914 im rheinischen Revier bei Köln das erste Braunkohlekraftwerk gebaut (vgl. RWE 2018).

Technik

Über die Verbrennung der Energierohstoffe wird Wasser erhitzt und Dampf für die Turbine erzeugt. Hierzu wird die Kohle fein zermahlen, was eine möglichst vollständige Verbrennung und damit Ausnutzung ihres Energiegehaltes gewährleistet. Die Dampfturbine treibt einen Generator zur Stromerzeugung an (Abb. 3.19). Bei diesem Prozess entsteht sehr viel Abwärme. Kühlung findet, wie bereits erwähnt, entweder über Kühltürme oder nahliegende Oberflächengewässer statt. Einige Kraftwerke beschicken mit der Restwärme noch eine angeschlossene Fernwärmeschiene und erhöhen damit ihre Effizienz signifikant.

Probleme bei der Stromgewinnung durch Kohle

Braunkohle hat den höchsten CO_2 Ausstoß bei ihrer Verbrennung, gefolgt von Steinkohle. Allerdings fällt nicht nur sehr viel CO_2 an, sondern auch andere Umweltschadstoffe, wie etwa Quecksilber, Schwefeldioxid und Arsen. Außerdem ist die

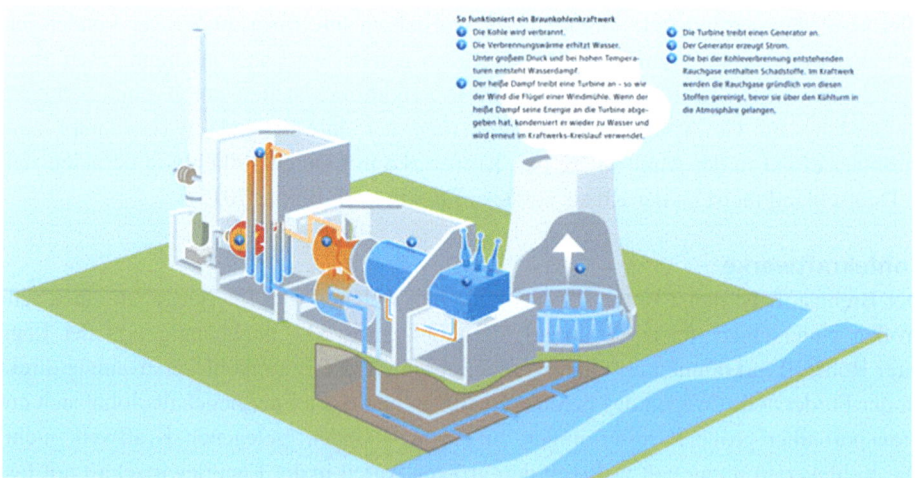

Abb. 3.19 Funktionsweise Kohlekraftwerk. (Quelle: RWE 2018)

Feinstaubbelastung bei der Kohleverbrennung erheblich, dieser enthält außerdem Blei, Cadmium und Nickel. Sowohl Asche als auch Rauch müssen gereinigt werden. Dennoch gelangen viele der Verbrennungsprodukte in die Umwelt. Der Wirkungsgrad von Kohlekraftwerken variiert zwischen 30 und 45 %, wobei nur die modernsten Steinkohlekraftwerke die 45 % Marke erreichen. Die Nutzung der Braunkohle hat nicht nur prinzipiell einen sehr schlechten Wirkungsgrad. Hinzu kommt, dass die Kraftwerke in ihrer Leistung schlecht variieren können und dadurch zusätzlich an Effizienz einbüßen. Bei der Steinkohle passiert das auch, allerdings nicht im selben Ausmaß. Ihre Leistung kann besser gedrosselt werden, allerdings auch nur bis zu einem gewissen Punkt. Ein komplettes Ausschalten wird meist vermieden, weil die Phase des wieder Anfahrens sehr lange und energieintensiv ist. Ist der Kessel komplett ausgekühlt, kann es bei einem Braunkohlekraftwerk deutlich mehr als 12 h dauern, bis es wieder auf Volllast Strom produziert.

Ölkraftwerke

Die Bezeichnung Ölkraftwerk bezieht sich eigentlich auf den Brennstoff und nicht die Technik. Es handelt sich im Prinzip um Blockheizkraftwerke (vgl. Abschn. 3.3.1 Konventionelle Wärme) oder bei den größeren Kraftwerken (ab circa 10 MW) um Dampfkraftwerke, in denen durch die Verbrennungswärme eine Turbine angetrieben wird. Als Brennstoffe kommen Heizöl oder Schweröl zum Einsatz, welche sich im CO_2 Ausstoß direkt nach der Kohle einsortieren. Ölkraftwerke haben im deutschen Strommix eine untergeordnete Bedeutung, vor allem weil Öl ein so teurer Brennstoff ist. Sie verfügen über geringe Wirkungsgrade, da sie in der Regel ohne eine Wärmenutzung konzipiert werden. Allerdings haben sie eine sehr viel größere Flexibilität, was die Leistungsbereitstellung angeht, als Kohlekraftwerke.

Geschichte der Ölkraftwerke

Das erste deutsche Ölkraftwerk ging 1960 in Betrieb. Neue Ölkraftwerke werden derzeit wegen des hohen Brennstoffpreises in Deutschland nicht mehr gebaut. Die bestehenden werden als Reservekraftwerke mit einigen hundert Benutzungsstunden pro Jahr zur Spitzenlastabdeckung eingesetzt. In Ländern mit eigenen Ölvorkommen wird diese Kraftwerksart auch zur Grundlastabdeckung, also für eine viele höhere Betriebsstundenzahl, genutzt. Kleinere Ölkraftwerke, deren Leistung bis 10 MW reicht, werden in der Regel als Blockheizkraftwerke betrieben und können alternativ auch mit Erdgas befeuert werden. Durch *Kraft-Wärme-Kopplung* lässt sich der Wirkungsgrad signifikant erhöhen (vgl. BPB 2016).

Technik

Beim Öl- wie auch Gaskraftwerk ist die Nutzung einer Gasturbine möglich. Der Brennstoff kann also zu höheren Temperaturen direkt mit Luft verbrannt werden. Die Abwärme ermöglicht zusätzlich den Betrieb einer Dampfturbine. Allerdings kommt in den meisten Ölkraftwerken nur eine Dampfturbine zum Einsatz. Wie im Kohlekraftwerk wird ein Kessel erhitzt, welcher Dampf produziert um Turbine und Generator zur Stromproduktion anzutreiben. In kleineren Kraftwerken wird auch mal Diesel oder leichtes Heizöl eingesetzt. Bei diesen Einheiten handelt es sich um die sogenannten Notstromaggregate, die leider meist die anfallende Wärme nicht nutzen. Ölkraftwerke lassen sich gut regulieren, weil sie über eine kurze Anfahrzeit verfügen.

Probleme bei der Stromgewinnung durch Ölkraftwerke
Zum einen macht der hohe CO_2 Ausstoß bei der Verbrennung die Nutzung von Öl problematisch. Hinzu kommen auf Grund seiner chemischen Eigenschaften als Kohlenwasserstoff, andere Abgasprodukte in höchstem Maße gesundheitsgefährdend. Diese sind zum Beispiel Kohlenmonoxid, Schwefeloxide (Stichwort saurer Regen), giftige Dioxine und Furane, Stickstoffoxide, Schwermetalle, wie Blei, sowie das stark krebserregende Benzol. Zusätzlich kommt es zur Ozon-Bildung und zu Feinstaubemissionen. Durch Filteranlagen und einen optimierten, möglichst vollständigen Verbrennungsprozess können die Abgaswerte verbessert, aber nicht annähernd neutralisiert werden.

Gaskraftwerke
Gaskraftwerke nutzen nicht nur den umweltverträglichsten Brennstoff unter den fossilen Kraftwerken, sondern auch die effizienteste Technologie zur Stromproduktion. Wie bereits zuvor beschrieben wird der Generator über zwei unterschiedliche Turbinen betrieben, die Gas- und die Dampfturbine. Auf Grund ihrer unterschiedlichen Temperaturen sind sie nacheinander geschaltet. Gas ist wie Öl ein eher teurer Brennstoff, sodass ein Betrieb leider schnell unwirtschaftlich wird. Allerdings sind Gaskraftwerke – ähnlich wie Gasherde – sehr gut zu regulieren, ohne dass zu viel Energie als Wärme verloren geht. Darüber hinaus besitzen sie vor allem im Gegensatz zu Kohlekraftwerken eine sehr kurze Anfahrtszeit, auch im Kaltstart.

Geschichte der Gaskraftwerke
Etwa Mitte der 1930er Jahre begann die industrielle Nutzung von Gasturbinen. Der erste Kraftwerkseinsatz war 1940 im schweizerischen Neuenburg (BPB 2016). Die installierten Leistungen zur Stromerzeugung bewegen sich heute bis zu 400 MW. Nach Angaben der Bundesnetzagentur sind es bis 2020 vor allem die Gaskraftwerkskapazitäten die in Deutschland stillgelegt werden (vgl. BNetzA 2018).

Technik
Gaskraftwerke produzieren ebenfalls Strom durch Wärme. Allerdings benötigen sie hierzu keinen Dampf zum Antrieb der Turbine, sie verbrennen den Rohstoff direkt mit Luft in einer Gastrubine. Hierbei entsteht so viel Abwärme, dass eine nachgelagerte Dampfproduktion zum Betrieb einer anschließenden Dampfturbine möglich ist. Angeschlossen an Generatoren ist die Stromausbeute sehr hoch.

Probleme bei der Stromgewinnung durch Gaskraftwerke
Wie bei jedem fossilen Rohstoff entsteht auch bei der Verbrennung von Gas CO_2. Allerdings verbrennt Methan, welches der Hauptrohstoff für Gaskraftwerke ist mit dem

geringsten CO_2-Aufkommen aller fossilen Rohstoffe. Ansonsten treten Stickoxid- und Schwefelemissionen auf, die in Menge und Konzentration stark von der Bauart und Abgasreinigung abhängig sind. Im Vergleich zu den anderen fossilen Rohstoffen sind diese Emissionen im Verhältnis ähnlich gering wie die von CO_2. Die Reichweite von fossilem Erdgas, liegt allerdings weit unter der von Kohle und Öl.

Atomkraftwerke
Bei der Nutzung der Kernenergie unterscheidet man prinzipiell zwei Möglichkeiten:

- Kernspaltung
- Kernfusion

Bisher werden allerdings nur Prozesse der Kernspaltung zur konventionellen Stromerzeugung genutzt. Stromerzeugung durch Kernfusion steht bisher nur in einem Versuchsstadium zur Verfügung. Da allerdings sehr viele Forschungsbestrebungen und -gelder seit sehr langer Zeit in die Kernfusion fließen, werden in Folge beide Prozesse beschrieben.

Geschichte der Kernkraftwerke
Entdeckt wurde die Spaltbarkeit des Urankerns 1938 durch die Chemiker Otto Hahn und Fritz Straßmann. Die erste physikalisch-theoretische Deutung hierfür lieferten die österreichischen PhysikerInnen Lise Meitner und Otto Frisch 1939. Das Uranatom nimmt beim Beschuss mit Neutronen, eines davon auf und zerfällt in Folge in zwei Teile. Dabei setzt es eine große Menge Energie frei. Das erste Kernkraftwerk der Welt wurde 1954 in Russland in Betrieb genommen, auf Grund seiner geringen Leistung von nur fünf MW galt es aber nicht als kommerziell nutzbar. 1955 wurde im englischen Calder Hall das erste kommerzielle Kraftwerk mit einer Leistung von 55 MW angefahren (vgl. BPB 2013).

Noch vor der Entdeckung der Kernspaltung konnten die Prozesse der Kernfusion im Labormaßstab nutzbar gemacht werden. Hierbei geht es nicht um die Spaltung von Kernen, sondern um das Verschmelzen, von welchem man sich eine sehr große Energieausbeute versprach. Bereits 1917 gelang es dem neuseeländischen Physiker Ernest Rutherford erste Fusionsreaktionen im Labor nachzuweisen. Bis sein australischer Assistent Mark Oliphant allerdings die erste gezielte Reaktion im Labor initiieren konnte, dauerte es noch bis 1934 (vgl. BPB 2013).

Die Nutzung der Kernenergie war von je her auch von starkem militärischen Interesse geprägt. Die Forschung in Richtung Kernfusion führte zur Entwicklung der ersten Wasserstoffbombe, welche 1952 im Pazifik gezündet wurde. Während allerdings im militärischen Einsatz eine unkontrollierte Fusion erwünscht war, kam für die Energieerzeugung nur eine kontrollierte in Frage, an der seit den 1950er Jahren intensiv geforscht wird. Auf europäischer Ebene wird diese Forschung über die Europäische Atomgemeinschaft (EURATOM) gelenkt und finanziert, unter maßgeblicher Einbringung von Deutschland. Denn hier suchte man nach Ende des Zweiten Weltkrieges und während der darauffolgenden Wirtschaftskrise, die eine entsprechende

Rohstoffverknappung auf dem fossilen Energiesektor mit sich brachte, nach einer neuen Energiequelle neben den Primärenergieträgern Kohle und Öl. Diese neue Energie wurde die Kernkraft. Dreh- und Angelpunkt der Bemühungen um die Kernfusion ist das südfranzösische *Forschungszentrum Cadarache*. Hier wird unter anderem an einer kontrollierten Fusionsreaktion von Deuterium und Tritium (Isotope des Wasserstoffs) gearbeitet. Das Projekt trägt den Namen *International Thermonuclear Experimental Reactor (ITER)*. Auch wenn in den vergangenen Jahrzehnten immer mal wieder die Meldung kam, wie nah man an der Entwicklung einer industriellen Anwendung ist, wird gemeinhin erwartet, dass noch 50 bis 80 Jahre intensiver Forschung erforderlich sind. Bis dahin ist zumindest für Deutschland ein Ausstiegsdatum für die Beendigung der Nutzung von Kernkraft, also der Kernspaltung, zur Stromerzeugung gesetzlich fixiert. Zum Ende 2022 gehen alle deutschen Kernkraftwerke vom Netz (Bundesregierung 2018).

Technik
Bei einer Kernfusion verschmelzen die Kerne zweier leichter Atome zu einem schwereren Kern. In der Regel handelt es sich um Wasserstoff bzw. seine Isotope Deuterium und Tritium, die zu Helium werden (vgl. Abb. 3.20). Die Verschmelzung der Kerne setzt Unmengen Wärmeenergie frei und darin liegt auch einer der bestechenden Vorteile der Fusion gegenüber der Spaltung, nämlich in ihrer wesentlich höheren Energieausbeute pro Brennstoffmenge. Außerdem verfügen Wasserstoffisotope über eine sehr kurze Halbwertszeit und entsprechend weniger radioaktive Strahlung. Eine Kernfusion läuft in der Sonne und allen anderen leuchtenden Sternen ab. Um eine solche Reaktion zu starten,

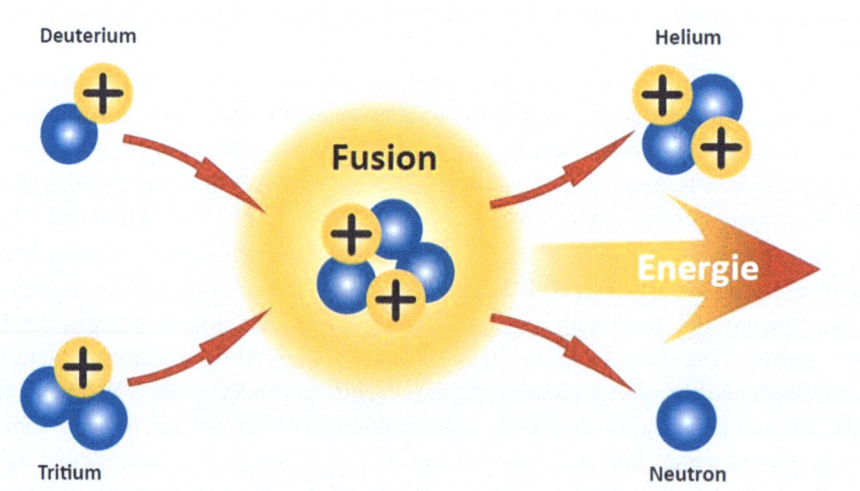

Abb. 3.20 Kernfusionsreaktion mit Wasserstoff und seinen Isotopen Deuterium (D) und Tritium (T)

also eine Kettenreaktion in Gang zu setzen, sind extrem hohe Temperaturen von Nöten. Diese sind auf der Erde nur mit äußerstem Energieaufwand zu erreichen. Deshalb behilft man sich durch die Veränderung der Dichteverhältnisse, sprich es wird sehr viel Druck auf den Wasserstoff ausgeübt (vgl. Abschn. 3.3.1 Konventionelle Wärme, *Prinzip Wärmepumpe*). Die Reaktion der Verschmelzung findet in einem Aggregatzustand zwischen flüssig und gasförmig statt, im sogenannten Plasma.

Der Prozess der Kernspaltung läuft anders ab. Er ist im Gegensatz zur Fusion, für die nur leichte Atomkerne in Frage kommen, erst bei den schwereren, ab Thorium (Ordnungszahl 90) aufwärts, möglich. Ausgangsmaterial ist üblicherweise angereichertes Uran in Form von Uranoxid. Dieses wird in sogenannte Brennstäbe (Metallröhren) verbracht und hier mit Neutronen beschossen, um eine Kernspaltungs-Kettenreaktion zu verursachen. Nach der ersten Kernspaltung müssen die Neutronen verlangsamt werden, sonst prallen sie am nächsten Urankern ab, statt ihn zu spalten. Deshalb sind die Brennstäbe im Wasserbad, welches die Geschwindigkeit der Neutronen bremst. Es dürfen außerdem nicht zu viele freie Neutronen werden, sodass der Prozess, die *sogenannte kontrollierte Kettenreaktion*, steuerbar bleibt. Das besorgen zum einen Cadmiumverbindungen, welche mit Steuerstäben ins Wasser eingebracht werden, sowie die veränderbare Konzentration von Borsäure. Beide sind in der Lage freie Neutronen aufzunehmen. Bei Zerfall der Kerne wird Energie in Form von Wärme frei und gibt diese über das Wasser zur Dampferzeugung für eine Turbine weiter. Damit das Wasser flüssig bleibt muss der Reaktorbehälter unter hohem Druck stehen. Gebräuchlich sind zwei Formen der Atomreaktoren: *Druck- und Siedewasserreaktor*. Sie unterscheiden sich im Wesentlichen dadurch, dass beim Druckwasserreaktor das eingesetzte Wasser nur als Moderator (Bremse für freie Neutronen) und als Kühlmittel für die Brennstäbe dient, es wird nicht zum Sieden gebracht. Der Wasserzyklus zur Dampferzeugung ist getrennt vom nuklearen Kreislauf. Im Siedewasserreaktor ist das Gegenteil der Fall, hier findet die Dampferzeugung für die Turbine im Reaktor selbst statt, sodass der Dampf bzw. das Wasser radioaktiv belastet ist.

Sowohl Kernspaltungs- als auch Fusionsreaktoren sind bzw. wären Wärmekraftwerke über Dampfturbinen. Wegen des vergleichsweise geringen Druck- und Temperaturniveaus liegt der Wirkungsgrad von Kernkraftwerken bei nur 30 %. Das Entwicklungspotenzial von Kernkraftwerken ist nahezu ausgeschöpft, da der Druck- und Temperaturbereich nicht ohne Weiteres erhöht werden kann.

Probleme bei der Stromgewinnung durch Kernbrennstoffe
Technisch ist die Nutzung der Kernenergie weder im Fusions- noch im Spaltungsbetrieb trivial. Beide Erzeugungsformen sind störanfällig und auf Grund des möglichen Austritts von radioaktivem Material höchst gefährlich. Uranoxid als Ausgangsbrennstoff strahlt bereits, seine Zerfallsprodukte als Resultat der Spaltung allerdings noch mehr. Auch abgeschaltete Brennstäbe entwickeln Wärme, weshalb ständig Kühlung garantiert sein muss, ansonsten besteht die Gefahr einer Kernschmelze mit verheerenden Folgen (wie in Fukushima eindrücklich belegt). Zentrales Problem ist die Radioaktivität vor, während

und nach der energetischen Nutzung. Bisher gibt es keine sichere Form zur Lagerung der radioaktiven Abfälle, welche faktisch für die Ewigkeit gefährlich bleiben. So reicht etwa die Spannweite der Halbwertszeiten bei Uran und seinen Isotopen bis zu Milliarden von Jahren. Ein weiteres Produkt der kontrollierten Kettenreaktion bei der Spaltung ist das hochgefährliche Plutonium. Plutonium ist favorisiertes Ausgangsprodukt für die Herstellung von Kernwaffen. Auch bei der Kernfusion entsteht erhebliche radioaktive Strahlung und das gilt nicht nur für Kernkraftwerke, sondern vor allem für militärische Anlagen. Gleichzeitig tritt wie bei der Kernspaltung, wenn auch in vergleichsweise geringerem Umfang, das Problem der atomaren Endlagerung auf.

3.4.3 Erneuerbarer Strom

Auch regenerative Kraftwerke nutzen zum Großteil die Gesetzmäßigkeit der Induktion zur Stromproduktion. Bei verschiedenen Technologien kommt auch das Prinzip ‚Strom durch Wärme' zum Einsatz. Allerdings wird diese Wärme über erneuerbare Energieträger bereitgestellt und die Abwärme in der Regel energetisch genutzt.

Tiefengeothermie

Die Stromerzeugung mittels Tiefengeothermie funktioniert nach dem Induktionsstrom-Prinzip. Ein Generator wird über eine Dampfturbine angetrieben und die Abwärme mittels eines angeschlossenen Nahwärmenetzes genutzt. Die Wärme zur Dampfproduktion wird durch heißes Wasser generiert bzw. transportiert, welches aus Bodenbereichen meist hoher tektonischer Aktivität und damit außergewöhnlich hoher Temperatur kommt.

Geschichte der Geothermie

Während die Geschichte der Geothermie für den Bereich der bäderkundlichen Anwendungen bis weit über die Römerzeit zurück reicht, ließen Wärme und vor allem Stromanwendungen auf sich warten. 1904 wurde in Italien das erste Geothermiekraftwerk errichtet und seit 1913 auch zur Stromproduktion genutzt. In Deutschland war man mit der kommerziellen Nutzung etwas zurückhaltender. Das erste kommerzielle Kraftwerk ging als Heizkraftwerk 1994 in Betrieb und wurde 2003 um die Stromnutzung erweitert. Es liegt in Mecklenburg-Vorpommern, im Potentialgebiet des Norddeutschen Beckens (vgl. Abschn. 2.2.5 Geothermie). Laut Bundesverband Geothermie 2018 sind deutschlandweit 36 Projekte im Bereich der Tiefengeothermie mit einer Gesamtleistung von rund 39 MW elektrischer Leistung installiert (vgl. BMWi 2018).

Technik

Die Erschließung der geothermischen Energie erfolgt nach zwei Varianten. Bei der einen Variante handelt es sich um wasserführende Schichten, sodass das heiße Wasser direkt entnommen werden kann. Bei der anderen lediglich um eine sehr heiße, aber wasserlose Bodenschicht, in der eingebrachtes Wasser erhitzt wird. Je nachdem, ob es sich also um

3.4 Entstehung von Strom

eine *wasserführende* oder eine *nicht-wasserführende Schicht* handelt, spricht man von *hydothermaler* („Wasser heiß") oder *petrothermaler* („Gestein heiß") *Geothermie*.

Für die hydrothermale Geothermie werden meist natürlich vorkommende Thermalwasservorräte, sogenannte Heißwasser-Aquifere, angezapft (vgl. Abb. 3.21). Diese sind vorwiegend in Tiefen zwischen 1000–4000 m zu finden. Die Temperatur des Thermalwassers bestimmt, ob es zur Strom- und Wärmeproduktion oder lediglich zur Wärmebereitstellung verwendet werden kann. Für die hydrothermale Geothermie kommen drei unterschiedliche Wärmequellen infrage. Zum einen die Thermalwasserfelder, die in der Regel Wasser mit Temperaturen zwischen 40 und 100 °C liefern. Die Förderung von Thermalwasserfeldern ist relativ simpel, da sie oft sogar an die Oberfläche treten oder eben mit einfachen Pumpen gefördert werden können. Allerdings eignen sich diese Thermalwasser meist nur zur Wärmebereitstellung.

Zum anderen gibt es die sogenannten Heiß- und Trockendampfvorkommen. Die wasserführenden Schichten liegen meist in Tiefen zwischen 2000–4000 m (vgl. AEE 2016b). Mit ihren Temperaturen von 100 bis 250 °C sind sie für die geothermische Stromerzeugung am besten geeignet. Die Förderung ist etwas komplexer als das Abpumpen von Thermalwasservorkommen, da Heiß- und Trockendampffelder meist unter hohem Druck stehen. Werden die Felder angebohrt, entweicht dieser Druck schlagartig zusammen mit dem Wasser-Dampf-Gemisch oder dem trockenen Dampf nach oben und entspannt sich

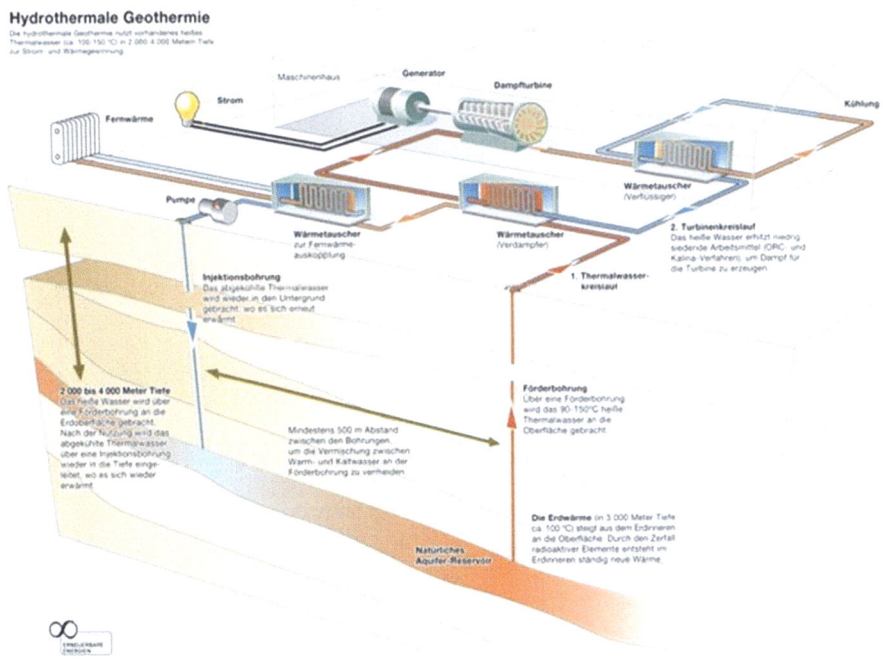

Abb. 3.21 Nutzung der hydrothermalen Geothermie mit einer beispielhaften Anlage. (Quelle: AEE 2016a)

dadurch. Vor allem die Region am Oberrhein verfügt aufgrund ihrer hohen tektonischen Aktivität über Heiß- und Trockendampfvorkommen. Der Dampf kann meist direkt in einer Dampfturbine zur Stromproduktion eingesetzt werden. Bei der Thermalwasserfeldern ist dies anders. Sie verfügen oft über einen sehr hohen Mineralgehalt, deshalb werden sie mit getrennten Wasserkreisläufen betrieben, um die Dampfturbine nicht zu beschädigen. Das heiße Wasser bzw. der Dampf gelangt über eine Förderbohrung nach oben und gibt die Energie mittels Wärmetauscher an den Dampfkreiskauf und/oder in ein angeschlossenes Nahwärmenetz ab. Das abgekühlte Thermalwasser wird zurück in den Untergrund geleitet, in die Schicht, aus der es entnommen wurde.

Bei der petrothermalen Variante, auch ‚Hot-Dry-Rock-Verfahren' genannt, muss erst Wasser als Wärmeträger ins Gestein eingeführt werden (vgl. Abb. 3.22). Wie bei der hydrothermalen Geothermie wird je nach Temperatur Wärme oder/und Strom produziert. Ähnlich wie beim Fracking für die nicht-konventionelle Erdgasgewinnung werden dem Gestein zusätzlich Risse zugefügt bzw. bestehende erweitert. Allerdings geschieht dies mit viel weniger Druck als beim Gas-Fracking und lediglich mit Wasser. Daher spricht man in Fachkreisen auch von ‚hydraulischer Stimulation' und nicht von Fracking, wobei die beiden Begrifflichkeiten nicht eindeutig voneinander abgegrenzt werden können (vgl. UBA 2015a). Die petrothermale Geothermie wird in 2000–6000 m Tiefe angewendet, wobei sich die Gesteinstemperaturen um die 200 °C bewegen. Hier

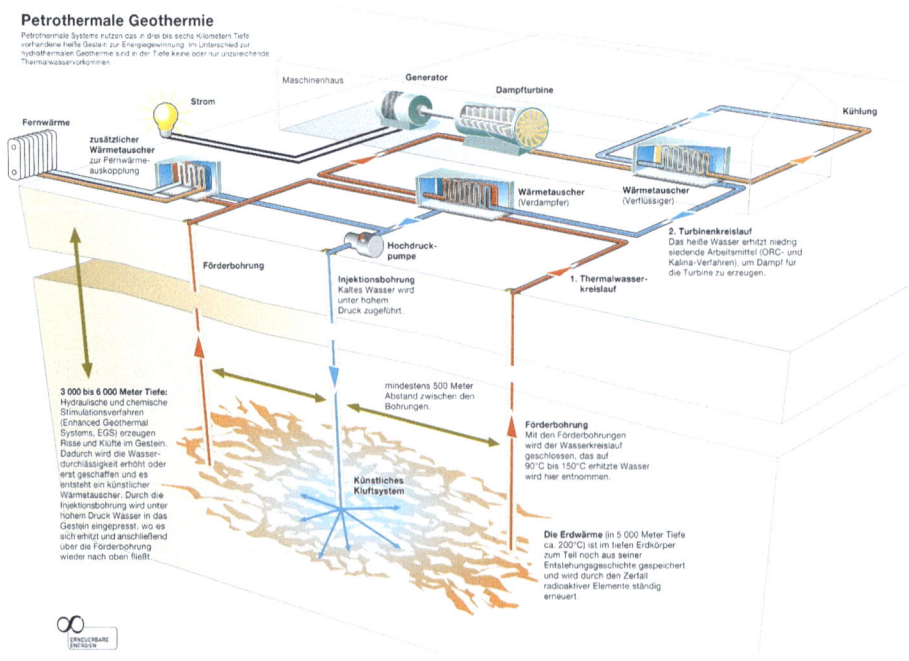

Abb. 3.22 Nutzung der petrothermalen Geothermie mit einer beispielhaften Anlage. (Quelle: AEE 2016c)

wird das kalte Wasser über die sogenannte Injektionsbohrung mit Druck in das Kluftensystem des Gesteins gepresst, wo es sich in kürzester Zeit erwärmt. Es wird je nach Temperatur (zwischen ca. 90–150 °C) als Wasser oder Dampf über eine oder mehrere Förderbohrungen wieder an die Oberfläche zurück gepumpt und über Wärmetauscher für die Wärme- oder Strom- und Wärmeerzeugung genutzt.

Geothermieprojekte
Der ‚Abbau' des sogenannten ‚bergefreien Bodenschatzes' Erdwärme unterliegt dem Bergrecht (vgl. Bundesberggesetz, BMJV 2017). Die Nutzung der Erdwärme ist nicht an den Besitz des Grundstückes gebunden und ein Antrag auf Nutzung kann prinzipiell von jedem gestellt werden. Er oder sie bekommt dann das Recht zur ‚Aufsuchung' der Erdwärme auf gewisse Zeit, in der Regel 3–5 Jahre mit Möglichkeit auf Verlängerung, verliehen. Das bedeutet, er oder sie hat – vereinfacht dargestellt – das Recht auf Tätigkeiten zur Feststellung und Ausdehnung der Erdwärme am Standort, ähnlich einer Konzession. Überschreitet die Bohrung 100 m Tiefe, ist für die konkrete Durchführung der Bohrungen ein standortbezogenes Genehmigungsverfahren nach ordnungs- und sicherheitsrechtlichen Gesichtspunkten (bergrechtliches Betriebsplanverfahren) durchzuführen. Anträge werden in der Regel über die zuständigen Landesministerien gestellt[4]. Die Genehmigung zur Errichtung der Betriebsgebäude über Tage, unterliegt trivial dem Baurecht und bedarf lediglich einer bauaufsichtlichen Genehmigung. Ist darüber hinaus eine Gewässernutzung von Nöten, bedarf es außerdem einer wasserrechtlichen Gestattung. Anlagen des Bergwesens – und damit auch geothermische Anlagen – bedürfen keiner immissionsschutzrechtlichen Genehmigungspflicht (BImSchG).

Probleme bei der Nutzung der Tiefengeothermie
Da das Erwerben von Explorationsrechten nicht an Grundbesitz gebunden ist, kann eine Gemeinde im Geothermiepotenzialgebiet möglicherweise nicht über die Bergbaukonzession verfügen, was den flächendeckenden Ausbau erschwert. Den größten Risikofaktor für die Umsetzung von Projekten stellen die kostenintensiven Tiefenbohrungen dar. Bei ungeeigneten Bodenstrukturen können bei geothermischer Nutzung hohe Risiken auftreten, wie etwa 2007 in Staufen im Breisgau. Hier kam es im Zuge der Geothermiebohrungen zu Hebungen im Stadtgebiet. Durch die Bohrung wurde Wasser in eine Gipsschicht eingebracht, welche sich in Folge merklich ausdehnte. Auch wenn das Fracking für die geothermische Nutzung mit viel weniger Druck und ohne Chemikalien abläuft als bei der Erdgaserschließung, sind Gefährdungen nicht komplett ausgeschlossen, wenn auch unwahrscheinlich. So können schädliche Lösungsprodukte aus dem Tiefengestein mit dem Wasser nach oben

---

[4]Sehr ausführlich auf der Webseite des Bayrischen Staatsministeriums für Wirtschaft, Energie und Technologie unter: https://www.stmwi.bayern.de/fileadmin/user_upload/stmwi/Themen/Energie_und_Rohstoffe/Dokumente_und_Cover/2017-03-01_Merkblatt_Erlaubnisse_Geothermie.pdf. Zugriffen 14. Juli 2018.

transportiert werden. Dort könnte es dann zu Verunreinigungen des Grundwassers und der oberflächennahen Schichten kommen. Beim Einpressen von Wasser in den Untergrund kann es auch in seltenen Fällen zu spürbaren Erschütterungen kommen. Generell gilt jedoch, dass die maximale Stärke von induzierten Erschütterungen in der Geothermie deutlich niedriger ist als bei vielen anderen Bergbauaktivitäten (vgl. UBA 2015a), wie etwa der Kohleförderung Untertage.

Bioenergie
Bioenergie zur Stromerzeugung entsteht aus Pflanzen- und anderer Biomasse, entweder durch direkte Verbrennung oder Vergärung (und nachträglicher Verbrennung). Bei der Stromgewinnung dominieren die Prozesse der Vergärung in Form von Biogas bzw. Biomethan, weit vor denen der Alkohole. Hinzu kommt Bioenergie in Form von Pflanzenölen, welche durch Extraktion und Filtrierung direkt aus ölhaltigen Pflanzen gewonnen wird. Biogas- oder Biomethanproduktion erfolgt als bio-chemischer Prozess durch Mikroorganismen, welche organisches Material unter anaeroben Bedingungen zersetzen. Das resultierende Biogas wird zur Wärmeerzeugung in Gasturbinen und dadurch zur Strom- (und Wärme-) produktion eingesetzt. Für den Bereich der direkten Verbrennung eignen sich vor allem holzartige und halmartige Energiepflanzen, wie Getreidepflanzen oder mehrjährige Gräser. Sie werden in Heizkraftwerken mit Wasser-Dampf-Kreislauf verbrannt.

Geschichte der Bioenergienutzung
Erste Biomassekraftwerke entstanden in Deutschland bereits Ende des 19. Jahrhunderts im Zuge der Elektrifizierung. Diese wurden mit Holzabfällen befeuert und hauptsächlich zur Eigenstromversorgung in der Holzindustrie betrieben. Das Strommonopol (vgl. Abschn. 3.4.1 Geschichte der Stromproduktion) verhinderte im Wesentlichen eine Versorgung Dritter mit elektrischem Strom bzw. bereits eine Stromeinspeisung. Biomassekraftwerke wurden analog zu Biogasanlagen verstärkt erst mit Erlass des Stromeinspeisegesetzes gebaut. Hauptbrennstoff war das damals noch recht kostengünstige Altholz, welches eine Dampfturbine antrieb. Im Rahmen der EEG Einführung 2000 wurden weitere Biomasse(heiz)kraftwerke gebaut, welche über spezielle Techniken zum Betrieb der Dampfturbine, auch verstärkt naturbelassene Biomasse als Brennstoff zuließen (vgl. C.A.R.M.E.N 2018a). Laut Bundesverband Bioenergie 2015 sind momentan circa rund 700 Holz(heiz-)kraftwerke in Betrieb, welche nach BMWi 2018 eine installierte Leistung von rund 11000 MW elektrisch bereithalten.

Die Geschichte der Biogasanwendung im kommerziellen Bereich ist relativ jung. Die landwirtschaftliche Produktion von Biogas fand in Deutschland erstmals nach dem Zweiten Weltkrieg statt. In Folge der Ölkrise wurden vermehrt Biogasanlagen gebaut, die interessanterweise mit Gülle wirtschaftlich betrieben wurden (vgl. C.A.R.M.E.N 2018b). Wie bei den meisten erneuerbaren Technologien kam ein entscheidender Entwicklungsschub durch die Öffnung des Stromnetzzuganges und eine festgelegte Vergütungsregelung im Zuge des Stromeinspeisegesetzes 1990.

3.4 Entstehung von Strom

Reine Gülleanlagen führten im Nachgang jedoch zu keiner befriedigenden Ausbeute mehr. Biologische Rest- und Abfallstoffe, wie z. B. Fett aus der Gastronomie rückten in den Fokus. Als das Stromeinspeisegesetz 2000 vom EEG abgelöst wurde, legte dieses auch fest, dass nur der Einsatz von Reststoffen gefördert wurde. Seit der Novelle des EEG 2004 verlagerte sich der Fokus allerdings komplett auf das Vergären von eigens angebauten Energiepflanzen, zum Teil ganz ohne Güllebeimischung. Erst in jüngster Zeit finden Abfall- und Reststoffe wieder mehr Beachtung und Förderung. Laut Fachverband Biogas 2018 liegt die installierte elektrische Leistung zurzeit bei rund 4600 MW aus circa 9400 Anlagen.

Ein weiterer Vergärungsprozess, der eine eher untergeordnete Rolle in der Stromversorgung spielt, ist die Vergärung von frischer Biomasse zu Alkohol. Ebenso untergeordnet sind die durch Extraktion gewonnenen biogenen Brennstoffe, die verschiedenen Pflanzenöle. Ihr Haupteinsatzgebiet ist, wie das der Alkohole, in der erneuerbaren Mobilität. Sie können aber auch wie Alkohol als Substitut in beispielsweise Blockheizkraftwerken (vgl. Abschn. 3.3.1 Konventionelle Wärme) zur Stromgewinnung zum Einsatz kommen. Deutschlandweit handelt es sich laut BMWi (2018) im Bereich der biogenen flüssigen Brennstoffe um eine installierte elektrische Leistung von rund 228 MW. Alle Biomassetechniken zur Stromerzeugung arbeiten heute fast ausschließlich in Kraft-Wärme-Kopplung.

Technik

Biomasse, die zur Bioenergiegewinnung eingesetzt wird, ist nach Biomasseverordnung gesetzlich definiert (Tab. 3.1).

Tab. 3.1 Gemäß Biomasseverordnung 2012, als Biomasse anerkannte und nicht anerkannte Stoffe. (Quelle: Fachagentur Nachwachsende Rohstoffe e. V. 2014, Seite 13)

Anerkannte Biomasse (§ 2)	Nicht anerkannte Biomasse (§ 3)
1. Pflanzen und Pflanzenbestandteile	1. fossile Brennstoffe sowie daraus hergestellte Neben- und Folgeprodukte
2. aus Pflanzen oder Pflanzenbestandteilen hergestellte Energieträger, deren sämtliche Bestandteile und Zwischenprodukte aus Biomasse im Sinne des Absatzes 1 BiomasseV erzeugt wurden	2. Torf
3. Abfälle und Nebenprodukte pflanzlicher und tierischer Herkunft aus der Land-, Forst- und Fischwirtschaft	3. gemischte Siedlungsabfälle aus privaten Haushaltungen sowie ähnliche Abfälle aus anderen Herkunftsbereichen einschließlich aus gemischten Siedlungsabfällen herausgelöste Biomassefraktionen
4. Bioabfälle im Sinne von § 2 Nr. 1 der Bioabfallverordnung	4. Altholz mit Ausnahme von Industrierestholz
5. aus Biomasse im Sinne des Absatzes 1 durch Vergasung oder Pyrolyse erzeugtes Gas und daraus resultierende Folge- und Nebenprodukte	5. Papier, Pappe, Karton
6. aus Biomasse im Sinne des Absatzes 1 erzeugte Alkohole, deren Bestandteile, Zwischen-, Folge- und Nebenprodukte aus Biomasse erzeugt wurden	6. Klärschlämme im Sinne der Klärschlammverordnung
	7. Hafenschlick und sonstige Gewässerschlämme und -sedimente
8. Treibsel aus Gewässerpflege, Uferpflege und -reinhaltung	8. Textilien
9. durch anaerobe Vergärung erzeugtes Biogas, sofern zur Vergärung nicht Stoffe nach § 3 Nummer 3, 7 oder 9 oder mehr als 10 Gewichtsprozent Klärschlamm eingesetzt werden	9. tierische Nebenprodukte im Sinne von Artikel 3 Nummer 1 der Verordnung (EG) Nr. 1069/2009 des Europäischen Parlaments und des Rates vom 21. Oktober 2009 mit Hygienevorschriften für nicht für den menschlichen Verzehr bestimmte tierische Nebenprodukte und zur Aufhebung der Verordnung (EG) Nr. 1774/2002 (ABl. L 300 vom 14.11.2009, S. 1), die durch die Richtlinie 2010/63/EU (ABl. L 276 vom 20.10.2010, S. 33) geändert worden ist, ... (weitere Einschränkungen zu Punkt 9 siehe BiomasseV § 3!!)
	10. Deponiegas
	11. Klärgas

Gasförmige Biomasse, wie sie hauptsächlich in Biogasanlagen produziert wird, ist ein direktes Verdauungsprodukt von in der Regel frischer Biomasse und verschiedener tierischer Fäkalien. Der Verdauungs- oder besser gesagt Vergärungsprozess findet durch Mikroorganismen unter Luftabschluss statt (vgl. Abschn. 3.3.2 Erneuerbare Wärme, Brennstoff Biogas). Die Ausgangssubstrate werden idealerweise von Ackerflächen aus unmittelbarer Nähe der Anlage gebracht. Mais ist aufgrund seines hohen Methanertrages und seinem vergleichsweise geringen Bedarf an Pflanzenschutzmitteln nach wie vor eine der effizientesten und wirtschaftlichsten Energiepflanzen in Deutschland. Allerdings gewinnen auch andere nachwachsende Rohstoffe aufgrund ihres Methangehaltes immer mehr Anwendung, wie etwa die Futterrübe oder durchwachsenden Silphie (vgl. Abb. 3.23).

Der Einsatz vom Abfall- und Reststoffen ist nicht annähernd ausgeschöpft. Die verstärkte Nutzung von Gülle und Mist, wie sie im Ökolandbau zum Einsatz kommt (vgl. Abb. 3.24), könnte zusätzlich den Bedarf an Frischpflanzensilage egal welchen Ursprungs minimieren.

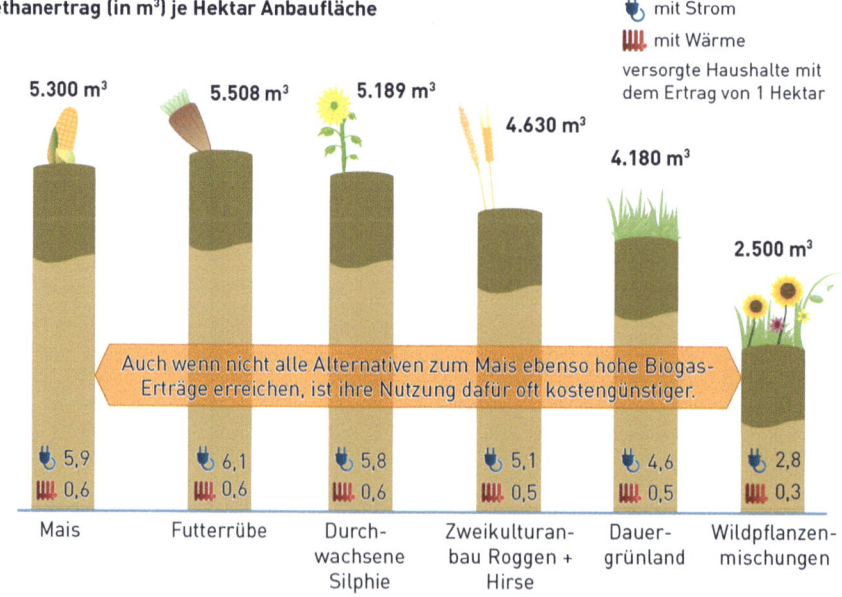

Abb. 3.23 Biogas – Alternativen zum Mais. (Quelle: AEE 2013b)

3.4 Entstehung von Strom

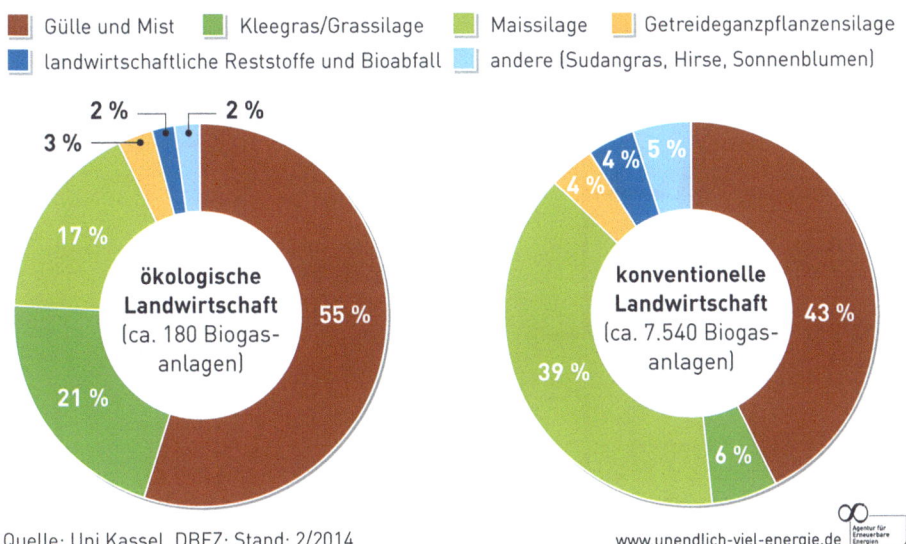

Abb. 3.24 Biogasanlagen im Ökolandbau nutzen vor allem Gülle und Mist. (Quelle: AEE 2014)

Biogasanlagen werden meist bis zu einer installierten elektrischen Leistung von 500 kW zur direkten Verstromung in einem Blockheizkraftwerk vor Ort genutzt. Schematisch ergibt sich folgender Aufbau wie in Abb. 3.25.

Anlagen über einer installierten elektrischen Leistung von 500 kW können laut Fachverband Biogas 2018 wirtschaftlich als sogenannte Einspeiseanlagen genutzt werden. Sie speisen in das öffentliche Erdgasnetz ein und können bilanziell an jeder beliebigen Stelle zu jeder beliebigen Nutzung wieder entnommen werden. Allerdings bedarf es vor Einspeisung einer Aufbereitung auf Erdgasnetzqualität. Neben Trocknung und Entschwefelung des Rohbiogases muss zusätzlich Kohlenstoffdioxid abgetrennt werden. Je nach Gasnetzanforderungen (vgl. Abschn. 4.2 Erdgasnetz, H-Gas und L-Gas) wird der Methangehalt verdichtet und Begleitgase abgetrennt. Man spricht hier auch von einer ‚Konditionierung des aufbereiteten Biogases zu Biomethan'.

Beide Anlagentypen machen eine Nutzung des Biogases für mehrere Energiebereiche möglich. Darüber hinaus besteht die Möglichkeit zur Speicherung des Biogases und damit einer Bereitstellung von Energie auf Abruf.

Beim Biomasseheizkraftwerk, welches vorwiegend holzhaltige Biomasse nutzt, besteht diese Speicherfähigkeit in Form des Brennstoffes ebenfalls. Allerdings werden aus wirtschaftlichen Gründen, explizit wegen der Vergütung rein nach Anzahl der Betriebsstunden, beide Kraftwerke bisher nicht bedarfsorientiert genutzt, obschon insbesondere

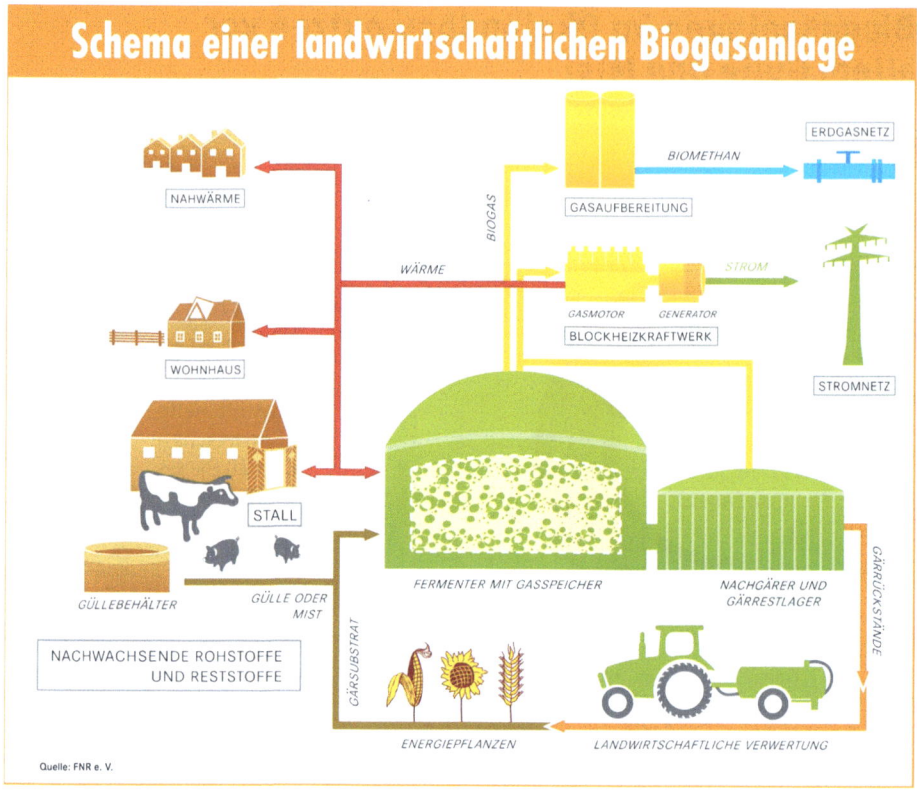

Abb. 3.25 Landwirtschaftliche Biogasanlage mit Verstromung vor Ort und Wärmenutzung sowie Gasaufbereitung und Einspeisung ins Erdgasnetz. (Quelle: FNR 2013)

das Gas über diese Möglichkeit verfügt. Der Aufbau eines Biomasseheizkraftwerkes (Abb. 3.26) gleicht dem eines Kohlekraftwerkes (vgl. Abb. 3.19). Das Prinzip ‚Strom durch Wärme' findet hier deckungsgleich Anwendung und in den meisten Fällen wird über eine Dampfturbine Bewegungsenergie zur Verfügung gestellt, um den Generator zu betreiben.

Alkohole als Brennstoffe im Erneuerbaren Energiebereich entstehen durch die Vergärung von Zucker oder Stärke aus biologischen Materialien. Deshalb werden sie auch Bioalkohole (z. B. Bioethanol) genannt. Dies geschieht durch die Aktivität von Bakterien und Hefen. Prinzipiell ist es möglich Alkohole auch technisch zu synthetisieren. Die Verwendung der Bioalkohole findet aber vor allem im Erneuerbaren Mobilitätsbereich Anwendung, beim Strom spielen sie quasi keine Rolle, genauso wenig wie in der Wärme. Die Verfahren hierzu sind im Abschn. 3.5.2 Erneuerbare Mobilität erklärt.

Pflanzenöle werden ebenfalls schwerpunktmäßig im Mobilitätsbereich eingesetzt. Einige finden aber auch Anwendung in Blockheizkraftwerken zur Stromproduktion. In Deutschland wird hierfür fast ausschließlich die Rapspflanze genutzt, deren Ölgehalt rund 40 % beträgt. Die Rapssamen werden in einer Ölmühle zermahlen und gepresst. Es bleiben rund 60 % der zermahlenen Rapssamen als Pressrückstand, dem sogenannten Rapskuchen, übrig. Dieser hat einen hohen Eiweißgehalt und wird in der

3.4 Entstehung von Strom

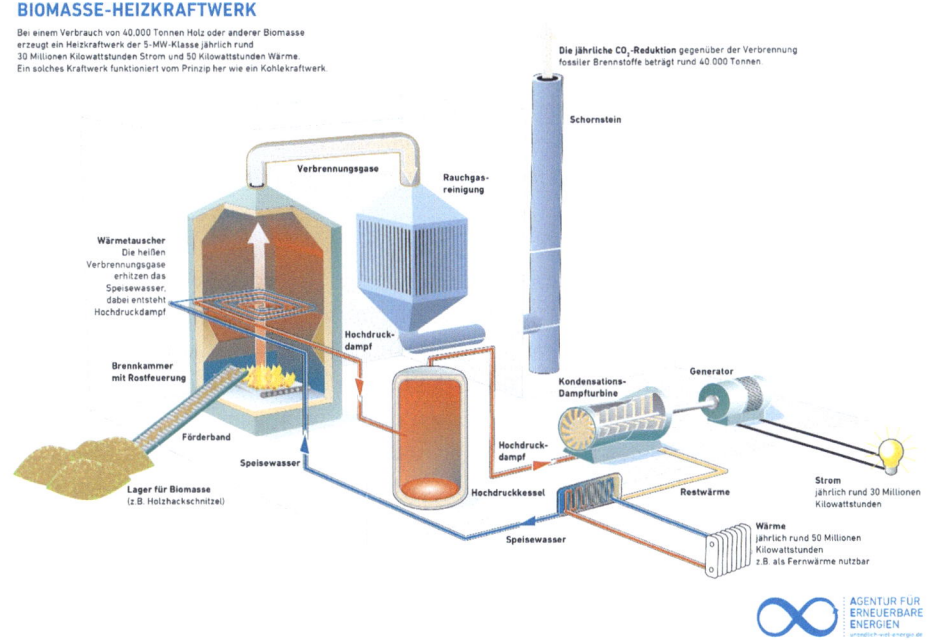

Abb. 3.26 Biomasseheizkraftwerk. (Quelle: AEE 2017d)

Futtermittelindustrie weiterverwendet. Darüber hinaus können die Ganzpflanzenreste auch noch in einer Biogasanlage weiter energetisch genutzt werden. Das wird aber bisher nur sehr eingeschränkt genutzt, im Gegensatz zur Weiterverwendung in der Tierfütterung. Hier schränken die heimischen Rapspflanzen den Import des eiweißhaltigen Soja Futters ein (vgl. Abschn. 3.5.2 Erneuerbare Mobilität).

Bioenergieprojekte
Während kleinere Anlagen wie etwa Blockheizkraftwerke genehmigungsseitig unproblematisch sind, ist der Bau einer Biogasanlage oder beispielsweise eines Holzheizkraftwerks sowohl technisch als auch logistisch wesentlich aufwendiger. Die größten Herausforderungen sind zum einen die kontinuierliche Rohstoffbeschaffung aus einem möglichst nahe gelegenen Einzugsgebiet, sowie bei angeschlossenem Wärmenetz die Planungen hierfür. Diese beiden notwendigen Schritte bedeuten, dass es eine Vielzahl an Projektbeteiligten gibt und analog dazu sehr viele Abhängigkeiten. In der Regel ist die Genehmigung nach Bundesimmissionsschutzrecht zentral. Das *Bundesimissonsschutzgesetz (BImSchG)* befasst sich mit potenziell schädlichen Immissionen für Mensch, Tier und Pflanzen sowie gegenüber der abiotischen Umwelt. Im Einzelnen sind das nach Gesetzestext (Quelle: juris 2018) folgende:

- Abs. 1 Schädliche Umwelteinwirkungen im Sinne dieses Gesetzes sind Immissionen die nach Art, Ausmaß oder Dauer geeignet sind, Gefahren, erhebliche Nachteile oder erhebliche Belästigungen für die Allgemeinheit oder die Nachbarschaft herbeizuführen.

- Abs. 2 Immissionen im Sinne dieses Gesetzes sind auf Menschen, Tiere und Pflanzen, den Boden, das Wasser, die Atmosphäre sowie Kultur- und sonstige Sachgüter einwirkende Luftverunreinigungen, Geräusche, Erschütterungen, Licht, Wärme, Strahlen und ähnliche Umwelteinwirkungen.
- Abs. 3 Emissionen im Sinne dieses Gesetzes sind die von einer Anlage ausgehenden Luftverunreinigungen, Geräusche, Erschütterungen, Licht, Wärme, Strahlen und ähnlichen Erscheinungen.

Eine Genehmigungsbedürftigkeit ist abhängig von der Art des Brennstoffs und der Feuerungswärmeleistung. So wird unterschieden in nicht genehmigungsbedürftige Anlagen (vgl. § 22 BImSchG) sowie in genehmigungsbedürftige Anlagen (vgl. § 4 BImSchG). Liegt eine Genehmigungsbedürftigkeit vor erfolgt wieder je nach Brennstoff und Leistung eine Zuordnung zum vereinfachten (ohne Beteiligung der Öffentlichkeit) oder zum förmlichen Verfahren (mit Beteiligung der Öffentlichkeit). Durchgeführt wird diese Zuordnung nach dem Anhang der 4. BImSchV. Weiterhin beachtet werden muss das Baurecht (BauGB) mit dem damit einhergehenden Gesetz über die Umweltverträglichkeitsprüfung (UVPG).

Je nach Technologie ist sowohl der Brennstoff als auch der Platzbedarf sehr unterschiedlich. So braucht man beispielsweise für ein Biomasseheizkraftwerk mit einer installierten elektrischen Leistung von 5 MW und einer Verstromung über Dampfturbine etwa 65.000 t/a Holz bzw. vorwiegend holzige Biomasse. Die Größe des Anlagenstandortes beträgt circa 1,5 ha. Bei einer vergleichbaren Biogasanlage werden etwa 100.000 t/a nachwachsende Rohstoffe plus Gülle benötigt. Der Standort muss aufgrund der Lagerkapazität ungefähr 4 ha groß sein (eigene Berechnung aufgrund von FNR 2017, C.A.R.M.E.N 2018a, b).

Probleme bei der Nutzung von Bioenergie
Die Nutzung der Bioenergie ist im Gegensatz zur Tiefengeothermie, sowie zur Windkraft und Solarenergie, Rohstoff gebunden und erfährt dadurch eine strengere Limitierung. Dem Anbau von Biomasse steht nur eine begrenzte Fläche innerhalb der sehr dicht besiedelten Bundesrepublik zur Verfügung. Durch die starke Beteiligung der Öffentlichkeit vor Ort im Genehmigungsprozess sowie in der Brennstoffbeschaffung, wird Erfolg oder Misserfolg ganz oft lokal beschieden. Problematisiert wird vor allem die energetische Nutzung der Biomasse und explizit die von nachwachsenden Rohstoffen. Es besteht eine Konkurrenz zwischen stofflicher, thermischer und elektrischer Nutzung. Eine stoffliche Nutzung erfolgt in der Holz- und Papierverarbeitung, sowie bei Agrarprodukten in der Nahrungsmittelindustrie und steht – so lange aus heimischer Produktion – bemerkenswerterweise nicht in der Kritik. Die thermische Nutzung von Holz, welche den erneuerbaren Wärmebereich dominiert, ist ebenfalls etabliert und mehr als akzeptiert. Geht es allerdings darum, Holz oder Feldfrüchte zur energetischen Nutzung für den Strom- und Mobilitätsbereich bereit zu stellen, wird dies sehr kontrovers diskutiert. Diese Kritik formiert sich hauptsächlich am zusätzlichen Flächenverbrauch oder

3.4 Entstehung von Strom

einer Veränderung in den bestehenden Anbauflächen. Es entsteht eine empfundene Verdrängung von Nahrungsmittelpflanzen durch Energiepflanzen.

Bei der Biogasnutzung richtet sich der öffentliche und politische Diskurs vor allem gegen den Anbau von Mais. Mais ist ein begehrtes Substrat für die Biogasproduktion, da er einen sehr hohen Methangehalt hat. Außerdem wurde Mais, bis zur Novellierung des EEG im Jahr 2012, für die Nutzung in Biogasanlagen nicht reglementiert und war somit erste Wahl für viele BetreiberInnen. Für die LandwirtInnen war er ebenfalls ein gutes Geschäft, denn Energiepflanzen erfordern in der Regel weniger Pflege und Düngemitteleinsatz als Futter- und Nahrungsmittel. Zudem sind die Preise aufgrund der bisherigen Förderungsstruktur für Erneuerbare Energien (20 Jahre Festvergütung über das Erneuerbare Energien Gesetz) stabiler als an anderen Agrarmarktplätzen. Allerdings ist der Anbau von Mais sehr wasserintensiv und führt in Monokultur – wie bei anderen Getreiden – zu einer Verarmung an Arten. Darüber hinaus verlangt der Mais dem Boden viel ab und führt zu einer Degradation der Humusschicht und folglich erhöhtem Düngereinsatz. Auch wenn dies Probleme der konventionellen Landwirtschaft an sich sind, werden sie größtenteils mit Energiepflanzenanbau assoziiert. Der Löwenanteil der Maisernte geht nach wie vor in die Futtermittel- und damit in die Fleischproduktion, wie Abb. 3.27 zeigt.

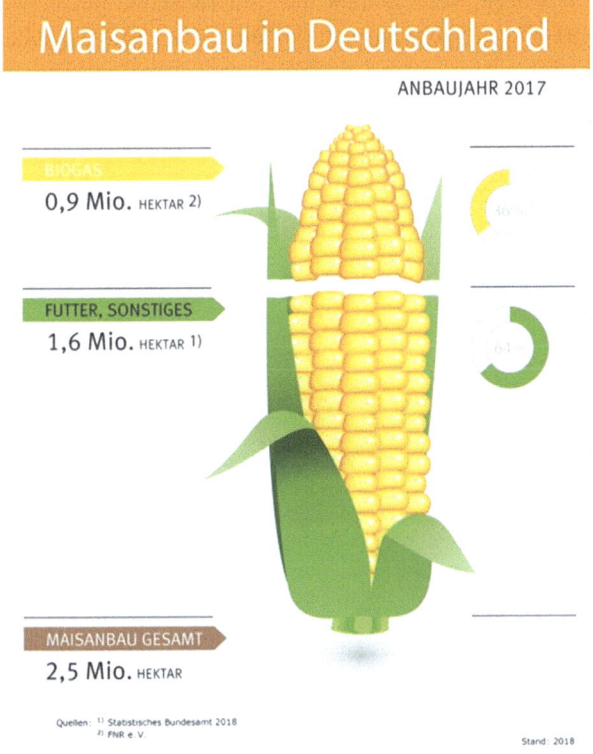

Abb. 3.27 Maisanbau Deutschland 2015 (FNR 2017)

Wie bereits erwähnt (vgl. Abb. 3.23: Biogas – Alternativen zum Mais) weiß man zudem um viele Alternativen zum Mais als Substrat, deren Umweltauswirkungen wesentlich geringer sind. Außerdem haben Änderungen in der Erneuerbaren Gesetzgebung dazu geführt, dass Mais an Attraktivität verloren hat. Beispiele hierfür sind z. B. der Maisdeckel aus dem EEG 2012, welcher den Einsatz auf höchstens 60 % beschränkt, sowie die Maßgabe vieler Landesklimaschutzkonzepte, Rest- und Abfallstoffe (z. B. in Rheinland-Pfalz 2015) einzusetzen. Die Nutzung von dieser für den Energiebereich weitgehend wertlosen Biomasse hält, wie bereits erwähnt, nach wie vor ein großes Potenzial ohne beschriebene Flächenkonkurrenzen bereit. Ein Beispiel aus Rheinland-Pfalz zeigt Abb. 3.28: Hier stammt die verwendete Biomasse (Substrat) aus einem Wertstoffhof.

Wasserkraft
Die Wasserkraftnutzung in Deutschland beschränkt sich auf die Nutzung des fließenden Wassers und somit vorwiegend auf Flüsse und Bäche. Sonderformen der Wasserkraftnutzung gehen von teilweise natürlichen oder künstlich aufgestauten Wasserkörpern aus, allerdings immer aufgrund der Fließbewegung des Wassers.

Geschichte der Wasserkraft
Die Nutzung des fließenden Wassers als Energiequelle ist fast so alt wie die moderne Menschheit. Vom Standort her war sie schon immer weitgehend an die Fließgewässervorkommen gebunden und deshalb nicht gleich verteilt. Schon lange vor einer Nutzung

Abb. 3.28 Biogasanlage in Essenheim (Rheinland-Pfalz) mit angeschlossenem Wertstoffhof zur Substratgewinnung

3.4 Entstehung von Strom

zur Stromproduktion legte man Wasserreservoirs zum Betrieb von Wassermühlen und damit zur Verrichtung mechanischer Arbeit an. Bekanntestes Beispiel ist das Anlegen von Mühlenteichen, mit denen man vor allem schwankendes Wasserangebot an Fließgewässern und entsprechend geringere Energieausbeute anglich. Wasserenergie konnte folglich gespeichert werden und ermöglichte damals schon eine gewisse Versorgungssicherheit.

Bereits im Jahr 1880 wurde in England das erste Wasserkraftwerk zur Erzeugung elektrischer Energie gebaut. 1896 folgte in den USA das erste Großkraftwerk an den Niagarafällen (vgl. BPB 2016). Gleich zu Beginn des 20. Jahrhunderts und mit der Entwicklung effektiver Turbinen begann die Nutzung der Wasserkraft auch in Deutschland im großen Stile. Eines der ersten Großkraftwerke stammt aus dem Jahre 1905 und wird bis heute in der Nordeifel betrieben. Seine ursprünglich installierte Leistung vom 12 MW wurde 1975 durch eine Modernisierung auf 16 MW angehoben. Die elektrische Nutzung der Wasserkraft war außerdem ein großer Streitpunkt zwischen Frankreich und Deutschland, wo bereits im ersten Weltkrieg um den Rheinlauf im Oberrheintal gekämpft wurde. Der Bau des Rheinseitenkanals (oder eben im französischen ‚Grand Canal d'Alsace') wurde in Folge des Versailler Friedensvertrages 1928 von Frankreich begonnen. Er sicherte sowohl die Großschifffahrt als auch den gesteigerten Energiebedarf entlang des Rheines für Frankreich (Bernhardt 2000). Beginnend in Basel wurde der Fluss größtenteils in ein 81 km langes Betonbett mit abgedichtetem Grund geleitet, welches in Breisach endet (Abb. 3.29). Dieser bis in die späten 1950er Jahre dauernde Ausbau hatte dramatische Landschaftsveränderungen, v. a. Grundwasserabsenkungen und damit extreme Versteppungen. Diese Landschaftsveränderungen bewirkten Widerstand in der Bevölkerung,

Abb. 3.29 Rheinkraftwerk Staustufe, Breisach

sodass eine Fortsetzung des Rheinseitenkanals bis Straßburg ausblieb, sowie in Folge weitgehend der Kraftwerksbau mit kompletter Verschalung des Flussbettes (vgl. Hook 2008). Notwendige Volumina und Fließgeschwindigkeiten für Schifffahrt und Energiegewinnung wurden und werden über Staustufen und Wehre erreicht.

Technik
Wasserenergie ist im Grunde auch Sonnenenergie. Die Sonne befeuert den Kreislauf aus Regnen, Verdunsten, Fließen, ins Grundwasser versickern und bringt somit Wasser in Bewegung. Wasserkraftwerke ziehen mit unterschiedlichen Technologien ihre Energie aus dem ‚fallenden' Wasser. Diese Bewegungsenergie wird über Wasserräder bzw. auch wieder Turbinen direkt genutzt. Es bedarf hier keines zusätzlichen Treibers, wie etwa Dampf. Damit Turbinen wirtschaftlich arbeiten und genug Energie für den Betrieb eines Generators zur Stromerzeugung bereit stellen können bedarf es einer gewissen Wassermenge in Kombination mit ausreichender Fallhöhe. Die Energie, die sich aus dem Wasser ziehen lässt, lässt sich vereinfacht als Produkt aus Wassermenge und Fallhöhe berechnen.

$$P\,[kW] = 8 \times h\,[m] \times Q\,[m^3/s]$$

H = Fallhöhe in m
Q = Wassermenge in m³/s

Der Aufbau eines Wasserkraftwerks ist vergleichsweise einfach. Es besteht aus einer Wasserturbine mit angekoppeltem Generator (Abb. 3.30). Zur Inbetriebnahme muss nur der Wasserzufluss auf die Turbine geöffnet werden. Das macht die Wasserkraft sehr leicht regelbar. Zudem braucht es weder Anfahrts- oder Aufwärmenergie, es kann direkt losgehen mit der Stromproduktion (vgl. Abschn. 4.1.5 Systemdienstleistungen, Schwarzstartfähigkeit).

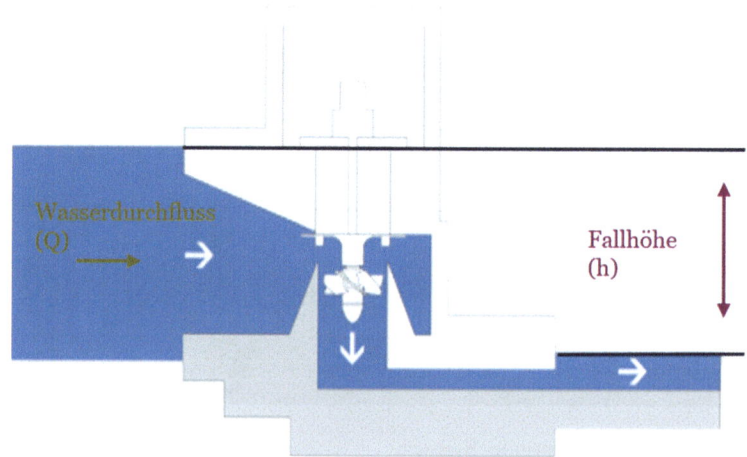

Abb. 3.30 Wasserkraftwerk Schema. (Quelle: juwi 2012a, b)

3.4 Entstehung von Strom

Wasserkraftwerke können entweder nach Betriebsweise in Laufwasser- und Speicherwasserkraftwerke unterschieden werden oder nach Fallhöhe in Nieder-, Mittel- und Hochdruckkraftwerke. Beim Laufwasserkraftwerk (Abb. 3.31) wird die zur Verfügung stehende Energie des Wassers kontinuierlich, beim Speicherkraftwerk (Talsperre) nach Bedarf zur Stromerzeugung genutzt.

Bei klassischen Laufwasserkraftwerken an Fließgewässern wird das durchlaufende Wasser in der Regel an einem Wehr aufgestaut. Das Wehr sorgt für das notwendige Volumen an Wasser und eventuell auch für eine entsprechende Fallhöhe. Dieser durch das Wehr kanalisierte Wasserfluss treibt eine Turbine an, welche an einen Generator zur Stromproduktion angeschlossen ist.

Speicherwasserkraftwerke (Abb. 3.32) halten das Wasser meist in Form von Talsperren zurück, welche je nach Bedarf geöffnet oder geschlossen werden, um einen entsprechenden Wasserfluss zur Stromproduktion zu generieren. Speicherkraftwerke werden auch Talsperrenkraftwerke genannt.

Ein Sonderfall der Speicherwasserkraftwerke sind die sogenannten Pumpspeicherkraftwerke. Sie verfügen über einen oberen und unteren Speichersee. In Zeiten mit geringer Stromnachfrage und eventueller Überkapazitäten wird das Wasser mit dann preiswerter elektrischer Energie in den oberen Speicher gepumpt. In Zeiten erhöhter Stromnachfrage wird das Wasser wieder abgelassen, indem es durch Röhren über Turbinen in den unteren See fällt. Bei großen Anlagen sind Wirkungsgrade bis 90 % in

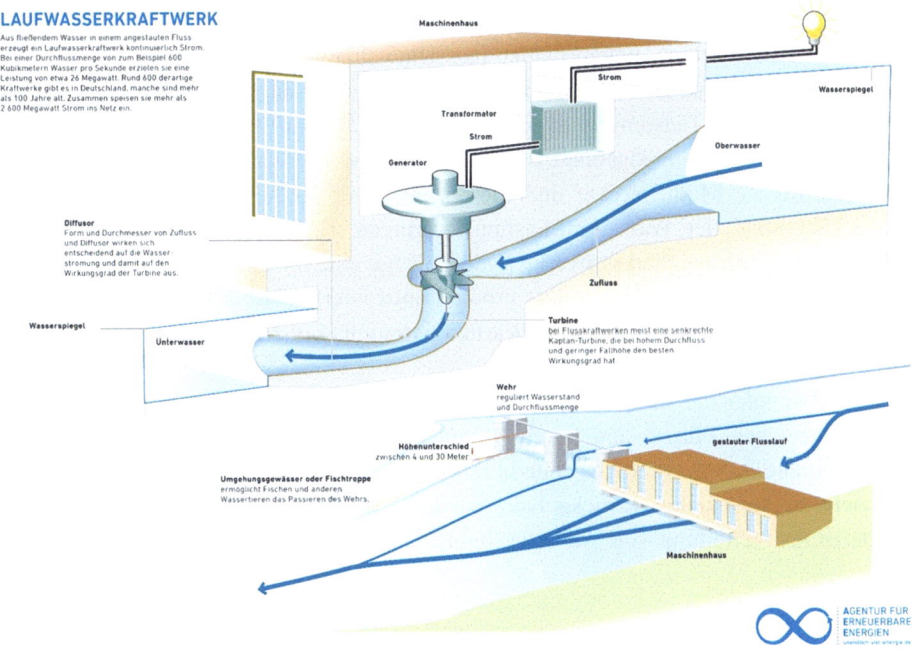

Abb. 3.31 Laufwasserkraftwerk Schema. (Quelle: AEE 2012)

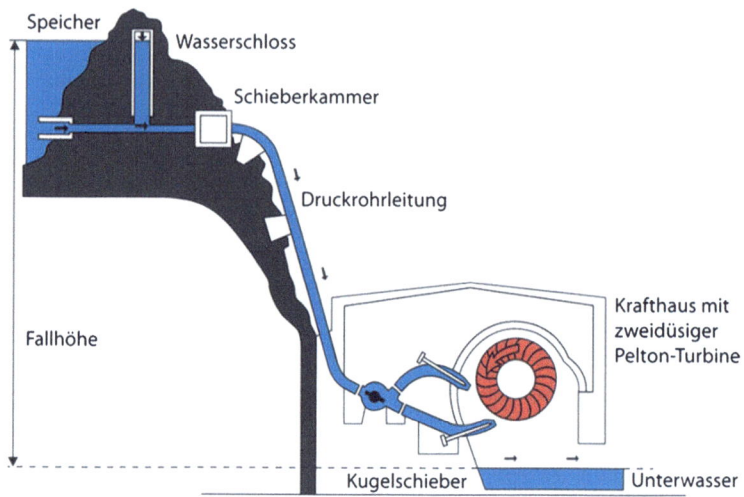

Abb. 3.32 Speicherwasserkraftwerk Schema. (FirstMedia AG St. Gallen 2018)

einer Speicherrichtung erreichbar. Pumpspeicherwerke sind aufgrund ihrer Flexibilität in höchstem Maße systemstabilisierend.

Die momentan installierte Wasserkraftleistung liegt bei rund 5600 MW (BMWi 2018).

Wasserkraftprojekte
Bei Wasserkraftprojekten unterscheidet das Umweltbundesamt in kleine und große Wasserkraft. Die Grenze liegt bei 1 MW. Von der Anzahl dominieren die kleinen Anlagen. Die größte Leistung wird jedoch von den 21 Kraftwerken größer als 5 MW erbracht. Diese liegen maßgeblich an den neun großen Flüssen Inn, Rhein, Donau, Isar, Lech, Mosel, Main, Neckar und Iller (absteigende Reihenfolge in der Leistung), welche über 80 % der Wasserkraftleistung erbringen. Das größte Wasserkraftwerk in Deutschland (Pumpspeicherkraftwerk Goldisthal) hat eine installierte Leistung von rund 1060 MW und liegt in Thüringen. Das größte Laufwasserkraftwerk Deutschlands ist das Rheinkraftwerk Iffezheim in Baden-Württemberg mit 149 MW installierter Leistung (vgl. BDW 2018 und ENBW 2018).

Das Zubaupotenzial bei der Wasserkraft ist eher gering. Die Staustufen[5] der großen wasserreichen Flüsse sind bereits genutzt. Im Rahmen des Vollzuges der EU-Wasserrahmenrichtline (WRRL) mussten sehr viele bestehende Wehre und damit potenzielle Ausbaustellen zurückgebaut werden. Aufgrund der geografischen Unterschiede ist die Verteilung von Wasserkraftanlagen in Deutschland sehr unterschiedlich.

---

[5]Im Gegensatz zu Talsperren welche Speicherseen aufstauen, eine Einrichtung zur Aufstauung von Flüssen. Sie wird zur Gewässerregulierung genutzt vor allem im Sinne der Schifffahrt und Energieproduktion.

3.4 Entstehung von Strom

80 % der installierten Leistung findet man in den südlichen Bundesländern Baden-Württemberg und Bayern (UBA 2015b).

Die Genehmigungsverfahren für Wasserkraftprojekte sind je nach Bundesland unterschiedlich. Geregelt ist das Zusammenspiel der unterschiedlichen Gesetze in der EU Wasserrahmenrichtline (WRRL). Zentrales Element ist das Wasserrechtsverfahren, verankert im Wasserhaushaltsgesetz. Hier werden die wesentlichen Auswirkungen auf das Gewässer, die Ufer, die Anlieger, das aquatische Ökosystem dargestellt. Es verlangt einen Nachweis zur Einhaltung der Mindestansprüche für:

- § 33 WHG – die Mindestwasserführung bei Ausleitungskraftwerken
- § 34 WHG – die Durchgängigkeit für aquatische Organismen (nach oben und nach unten in der örtlichen, jeweils abzustimmenden Artenspezifikation)
- § 35 Abs. 1 WHG – Schutz der Fischpopulation

Gleichzeitig ist mit dem Antrag den allgemeinen wasserwirtschaftlichen Sorgfaltspflichten des minimalen und notwendigen Eingriffes Rechnung zu tragen und örtliche Gewässerentwicklungsziele zu beachten (BDW 2018). Für die Erteilung der Gestattung wird von der zuständigen Wasserbehörde geprüft, dass keine Beeinträchtigung des Wohls der Allgemeinheit, insbesondere keine Gefährdung der öffentlichen Wasserversorgung zu erwarten ist.

Des Weiteren muss eine BImSchG Genehmigung mit den gängigen Elementen:

- Landschaftspflegerischer Begleitplan
- Umweltverträglichkeitsprüfung
- FFH-Gebiets-Vorprüfung oder FFH-Gebiets-Prüfung
- spezielle artenschutzrechtliche Prüfung

erwirkt werden.

Umweltrechtliche Fragen können für die beabsichtigte Wasserkraftnutzung die größten Einschränkungen bedeuten. Deshalb sollte im Vorfeld eine Abklärung durch eine Umweltverträglichkeitsvorprüfung stattfinden. Bei einfachen, zügig abzuklärenden Verfahren ist mit ungefähr einem halben Jahr bis zum Rechtsbescheid zu rechnen. Bei komplizierten Verfahren ziehen sich Bearbeitungszeiten, Planüberarbeitungen, Rechtsklärungen etc. oft über mehrere Jahre hin (BDW 2018).

Probleme bei der Nutzung von Wasserkraft
Fließgewässer und die in ihnen lebenden Organismen bilden komplexe Lebensgemeinschaften, welche miteinander im Austausch stehen ‚müssen'. Dieser Austausch wird zu einem Großteil über Wanderbewegungen durch verschiedene Abschnitte des Gewässers ermöglicht. Zudem ist die morphologische Entwicklung eines Gewässers von der natürlichen Fließdynamik abhängig. Eine Nutzung der Wasserkraft zur Stromproduktion unterbricht diesen Austausch zwischen den einzelnen Gewässerabschnitten teilweise bzw. schränkt ihn stark

ein. Zur Nutzung der Wasserkraft bedarf es eines sogenannten Querverbaus des Gewässers, eines Wehres, zum Aufstauen und zur Regulierung. Laut UBA (2014) sind es drei wesentliche Bereiche, die von der Stauhaltung an Wehren gefährdet sind:

- die Unterbrechung der biologischen und morphodynamischen Durchgängigkeit der Fließgewässer
- die direkte Schädigung von Organismen, welche die Turbinenanlage passieren
- die Veränderung des Lebensraumes unterhalb von Stauwerken durch zu geringen Wasserabfluss im verbleibenden Gewässerbett

Da ein Großteil des Fließgewässerausbaus bzw. der Nutzung losgelöst von der Wasserkraft stattfindet, ist bei der Wasserkraft vor allem die direkte Schädigung von Organismen, die Beachtung findet. Außer bei Hochwasser und dann überströmten Wehren können Wasserorganismen einer Wasserkraftanlage praktisch nicht ausweichen. Während das Wehr die prinzipielle Durchgängigkeit unterbricht, ist es die Turbinenanlage selbst, in welcher Fische und andere Wasserorganismen verletzt werden oder zu Tode kommen können. Abhilfe schaffen Fischpässe, Rechen mit kleineren Abständen, Aalrohre und grundsätzliche Verbesserungen der Gewässermorphologie (Gewässerstruktur). Rechen wirken als mechanische Barriere für Treibgut und Fische. Sie schützen Fische vor einem Schwimmen in die Turbine, indem sie sie von der Hauptströmung ablenken und einem Fischabstiegssystem zuleitet. Der Fischabstieg führt am Wehr vorbei und ermöglicht Wanderungen von Fischen zwischen Laichgebieten, Sommer- und Winterlebensräumen oder auch zwischen Süß- und Salzwasserlebensräumen. Ähnliches geschieht beim Fischaufstieg an sogenannten Fischtreppen (Abb. 3.33). Hier werden die Fische durch miteinander verbundene Becken nach oben geleitet. Für Arten wie den Aal, welcher nur im Salzwasser laicht, aber im Süßwasser aufwächst, sind diese Wandermöglichkeiten arterhaltend.

Fischfreundliche Turbinen, wie beispielsweise die Wasserkraftschnecke, welche eine Turbine mit verringerter Drehzahl ist, wird ebenfalls zum Fischschutz eingesetzt (BDW 2018).

Windenergie
Die Nutzung der Windenergie beruht maßgeblich auf dem Ausnutzen der Luftbewegung, also der direkten Bewegungsenergie. In der Vergangenheit wurde sie hauptsächlich durch Mühlen und das Mahlen von Getreide geprägt. Analog hierzu etablierte sich die Definition von Notebaart (1972, S. 344) für den Begriff Windmühle als „[…] eine vom Wind angetriebene Maschine, bei der die Windkraft durch eine Vorrichtung aufgefangen wird, die eine Welle zum Drehen bringt. Durch direkte Kupplung oder mittels Übertragung, werden durch die sich drehende Flügelwelle Werkzeuge in Bewegung gebracht". Waren das früher Mahlsteine oder diverse andere Werkzeuge, sind es heute hauptsächlich Generatoren zur Stromproduktion mittels Induktion.

3.4 Entstehung von Strom

Abb. 3.33 Fischtreppe, Freiburg-Littenweiler

Geschichte der Windenergie

Die ersten bekannten Windkraftmaschinen in Form von Windmühlen traten vor rund zweitausend Jahren in China, Afghanistan und Persien auf. Sie dienten zum Mahlen von Korn und zum Betreiben von Wasserpumpen. Die ersten Windmühlen funktionierten mit Flügeln, welche auf horizontaler Ebene (vgl. Singh 1998) angeordnet waren und über eine vertikale Achse angetrieben wurden. Sie bestanden meist aus runden Gebäuden, in deren Mitte sich die ‚Flügel' befanden. Diese Gebäude waren entweder komplett nach einer Seite offen oder mit Windfangöffnungen versehen. Diese Öffnungen wurden je nach Bedarf geöffnet oder geschlossen.

Die heute bekannteste Form der Windmühlen sind allerdings die vertikalen Mühlen, deren Flügel außen am Gebäude angebracht sind. Dieser Typ Windmühle besteht entweder aus stationären Anlagen mit drehbarem Gehäuse (Bockwindmühle) oder solchen bei denen sich lediglich die Haube/Kappe (Kappenwindmühle) dreht. Diese Windmühlen waren wesentlich effektiver als die horizontal ausgerichteten. In Europa und somit auch in Deutschland waren die ersten Mühlen die sogenannten Bockwindmühlen. Das Gehäuse war kastenförmig und auf einem Bock oder Ständer – beweglich – gelagert, die Mühle konnte an die Windrichtung angepasst werden. Die Flügel waren senkrecht angeordnet und trieben über ein Zahnradwinkelgetriebe meist Mühlsteine an, für andere Zwecke wie das Sägen von Holz oder das Schöpfen von Wasser war sie vor allem wegen ihrer sich ständig am Wind orientierten Ausrichtung nicht geeignet (vgl. Hook 2008).

Die Bockmühle wurde zu Beginn des 15. Jahrhunderts zur Kokerwindmühle weiterentwickelt. Hier war nur noch der obere Bereich der Windmühle drehbar. Ende des 16.Jahrhunderts wurden schließlich in Holland die Windmühlen entwickelt, welche das Bild von Windmühlen entscheidend geprägt hat. Bei diesen hölzernen Mühlen mit achteckigem Rumpf drehte man nur noch die Haube/Kappe in den Wind. In Deutschland nannte man diese Kappenwindmühlen ‚Holländer'.

Im Laufe der Zeit wurde vor allem die Flügeltechnik weiterentwickelt, z. B. weg von der ursprünglichen Segeltuch-Takelage, hin zu verstellbaren Holzflügeln, deren Blätter sich Öffnen und Schließen ließen. Diese Flügel drehten sich durch den Widerstand, den sie dem anströmenden Wind entgegensetzten (vgl. nachfolgend Technik, Widerstandsläufer). Eine erste Nutzung von Windenergieanlagen zur Stromproduktion wurde für Dänemark bereits ab 1891 dokumentiert. Die erste Großanlage mit 1250 kW entstand im Jahr 1941 in den USA (BPB 2013). Die ersten Windmühlen in Deutschland sind auf das 13. und 14. Jahrhundert datiert. Die älteste Dokumentation stammt aus dem Jahre 1222. Die Bockwindmühle stand auf der Kölner Stadtmauer. Noch vor Beginn der Industrialisierung wurden Windgeneratoren bereits zur Stromproduktion eingesetzt. Sie produzierten damals Gleichstrom für Industrie, Gewerbe und Landwirtschaft. Mit der Industrialisierung vollzog sich ein tiefgreifender technischer und wirtschaftlicher Wandel. Mithilfe der Dampfmaschine wurden immer größere Einheiten gefertigt, industrielle Massenproduktion lief an und verdrängte kleine windgetriebene Betriebe. Als weiteren Grund für den Rückgang der Windkraftnutzung zur Stromproduktion lässt sich die rasch voranschreitende Ausweitung des Elektrizitätsnetzes in Deutschland zu Beginn des 20. Jahrhunderts nennen (Janzing 2002). Die Stromproduktion wurde zentral organisiert und durch ein Monopol (Strommonopol) geschützt (vgl. Abschn. 3.4.1 Geschichte der Stromproduktion). Während der Weltkriege erlebte die Windkraftnutzung neuen Aufschwung, da Deutschland über sehr wenige fossile Ressourcen verfügt. Gerade in der Nazizeit und dem damit verbundenen ideologischen Größenwahn, erlebte die Windkraftforschung eine Renaissance. So wurden hauptsächlich Großwindkraftwerke geplant, aber nie umgesetzt (vgl. Heymann 1995).

Nach dem zweiten Weltkrieg ging der Fokus zurück zu den fossilen Ressourcen und der Kernenergie. Bis schließlich über den Druck aus der Öffentlichkeit in den frühen 1980er Jahren die Entwicklung eines 3-Megawatt-Windkraftwerkes vom Bundesforschungsministerium in Auftrag gegeben wurde. Während man in anderen Ländern, wie etwa Dänemark, auf die Entwicklung kleinerer Anlagen setzte, wollte Deutschland unbedingt eine GROsse WIndANlage, kurz GROWIAN, bauen. Allein die Größe war bisher weder elektrotechnisch noch materialwissenschaftlich erprobt, sodass eine nicht enden wollendePannenserie die Folge war. Hinzu kam, dass der als Zweiflügler konstruierte GROWIAN weit hinter der Leistung der bisher etablierten dreiflügeligen Rotoren zurückblieb. GROWIAN speiste in seiner Betriebszeit lediglich 80 MWh ins öffentliche Netz ein. Von Oktober 1983 bis Juni 1985 drehten sich seine Flügel nur 180 h, die übrigen 25.000 h standen sie still (Akkermann und Görner 1998). 1986 wurde die Anlage schließlich demontiert. Die Fehlinvestition GROWIAN wirkte sich sehr hemmend auf die weitere Forschung, respektive die Forschungsgelder für die Windkraft aus. Wie bei den bisher geschilderten erneuerbaren Energietechnologien, bekam auch die Windenergieentwicklung erst durch die Einführung des Stromeinspeise- und in Folge des Erneuerbaren-Energien-Gesetzes einen bis heute anhaltenden Entwicklungsschub. Zurzeit sind etwa 50.500 MW an Land und rund 5400 MW auf See installiert. Während das Potenzial an Land bei weitem noch nicht ausgeschöpft ist, unterliegt die See, nicht zuletzt wegen ihres geringen Anteils am deutschen Staatsgebiet, einer offensichtlichen Limitierung.

Technik
Alle Windkraftanlagen entnehmen dem Wind seine kinetische Energie und setzen sie vorwiegend entweder nach dem Widerstands- oder Auftriebsläuferprinzip in nutzbare Energie um. Moderne Windkraftanlagen bestehen aus Fundament, Turm, Maschinengondel mit Getriebe und/oder Generator, Rotor mit Nabe und Rotorblättern, sowie der notwendigen Elektronik und Netzanschlusstechnik. Der Rotor dreht sich mithilfe eines Anemometers in den Wind, die Rotoren werden in Bewegung versetzt und über ein Getriebe oder direkt über einen Generator wird durch die Drehbewegung Strom erzeugt (Abb. 3.34).

Die sogenannten Widerstandsläufer wurden zu Beginn der Windmühlentechnik bis etwa ins 18. Jahrhundert genutzt. Diese Anlagen setzen dem Wind ihre Rotorfläche entgegen und wandeln den Druck des Windes in eine Drehbewegung um. Zu dieser Kategorie gehört, wie bereits erwähnt, auch die ‚klassische' holländische Windmühle. Widerstandsläufer besitzen einen schlechten Wirkungsgrad und sind deshalb für die heutige Stromproduktion nicht geeignet. Ihre Rotorblätter sind meist über die gesamte Rotorfläche verteilt. Aufgrund des hohen Drehmoments eignen sie sich gut für das Verrichten von mechanischer Arbeit, wie beispielsweise das Heben von Wasser. Vereinzelt finden sie deshalb heute immer noch Anwendung in abgelegenen Gebieten. Durch ihre wichtige Rolle beim Erschließen des Westens der USA werden sie heute noch Western Windmill (Abb. 3.35) genannt.

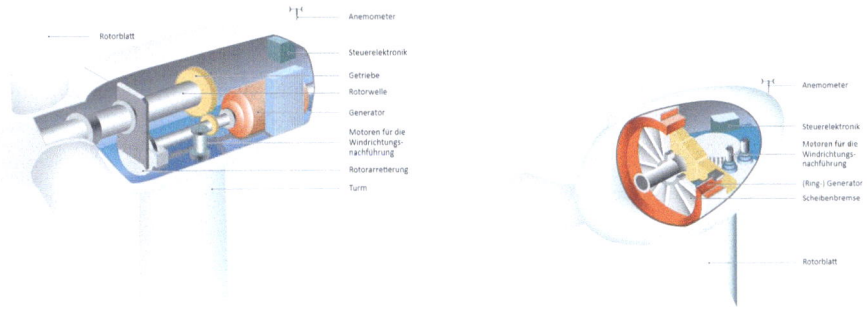

Abb. 3.34 Aufbau einer modernen Windenergieanlage mit und ohne Getriebe. (Quelle: BWE 2017)

Abb. 3.35 Western Windmill in Südaustralien

Abb. 3.36 Querschnitt Rotorblatt und daraus folgend Auftrieb bzw. aerodynamischer Effekt. (Quelle: BWE 2017)

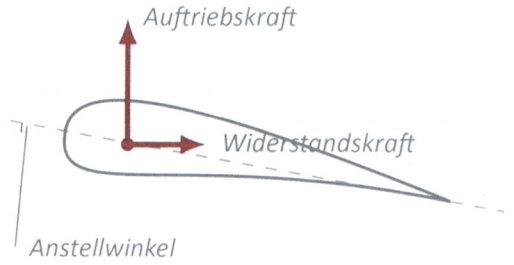

Für eine rentable Stromproduktion unter heutigen Gesichtspunkten eignen sich bisher nur die sogenannten Auftriebsläufer. Ähnlich wie bei Flugzeugen sind die Rotorblätter aerodynamisch geformt. Das bedeutet, dass die vom Wind überströmte Fläche oben und unten unterschiedlich ist (siehe Abb. 3.36). Die verschiedenen Überstreichgeschwindigkeiten erzeugen Auftrieb, den sogenannten aerodynamische Effekt.

Der Effekt wird in eine Drehbewegung umgesetzt. Ausschlaggebend für die Effektivität der Anlage ist außerdem die Flügelzahl, welche nach Stand der Forschung mit drei Flügeln am höchsten ist. Die Menge der durch Wind bereitstehenden Energie ist wetterabhängig bzw. windstärkenabhängig. Der Energieinhalt des Windes wächst mit der dritten Potenz seiner Geschwindigkeit. So bewirkt beispielsweise eine Verdoppelung der Windgeschwindigkeit eine Verachtfachung der Energieausbeute. Während Windgeschwindigkeit allgemein durch die Windstärke mit einfachen Zahlen von 0 (absolute Windstille) bis 12 (Orkan) auf der so genannten Beaufort-Skala angegeben wird, sind für Windenergieplanungen die erreichten Meter pro Sekunde in Narbenhöhe ausschlaggebend. Eine Windturbine kann die kinetische Energie des Windes nicht vollständig in mechanische Rotationsenergie umwandeln. Der deutsche Physiker Albert Betz hat bereits 1920 die optimal erreichbare Leistungsumsetzung für ein idealisiertes Windrad berechnet. Der aerodynamische Wirkungsgrad liegt bei maximal 59 % der im Wind vorhandenen Leistung. Dieser gilt allerdings nur für die Auftriebsläufer.

Unter Berücksichtigung aller Leistungsverluste erreichen die heute eingesetzten Windräder einen Gesamtwirkungsgrad von circa 45 %.

Da die Windgeschwindigkeit einen entscheidenden Einfluss auf den Ertrag hat, versucht man nicht nur die besten Standorte zu finden, sondern auch den Wind zu nutzen der möglichst unbeeinflusst von der Geländeoberfläche fließt. Topografie, Bewuchs und Gebäude bremsen den Wind ab, sodass in der Regel in Höhen ab 100 m über Geländeoberkante der Wind unbeeinflusst ist und eine größere Energieausbeute ermöglicht. Die Höhe der Anlage spielt also eine entscheidende Rolle für die Ausbeute der Windenergie an Land. Auf dem Meer verhält sich das anders, die Wasseroberfläche setzt dem Wind kaum Rauigkeit entgegen, sodass hier in geringer Höhe bereits sehr viel höhere Windgeschwindigkeiten erreicht werden.

Fast genauso wichtig bei der Ausbeute des Windes ist die vom Rotor überstrichene Fläche. Hier gilt in der Regel je größer der Rotor, desto mehr Energie kann dem Wind entnommen werden. Natürlich spielt auch die installierte Leistung eine große Rolle bei der Energieausbeute (vgl. Abschn. 3.4.4 Energetische Amortisation). Während in den 1980er Jahren Windturbinen an Land mit einer durchschnittlichen Leistung von 300 kW installiert wurden, sind seit 2010 Anlagen mit einer Leistung von bis zu 7,5 MW für Wind an Land verfügbar und je nach Standort wirtschaftlich (vgl. Abb. 3.37).

Vergleicht man den Einfluss der Faktoren Windgeschwindigkeit, Rotor, Nabenhöhe, Effizienz (Aerodynamik) und Nennleistung bei Volllast ergibt sich beispielhaft eine Auswertung wie in Abb. 3.38, was die Steigerung des Ertrages angeht.

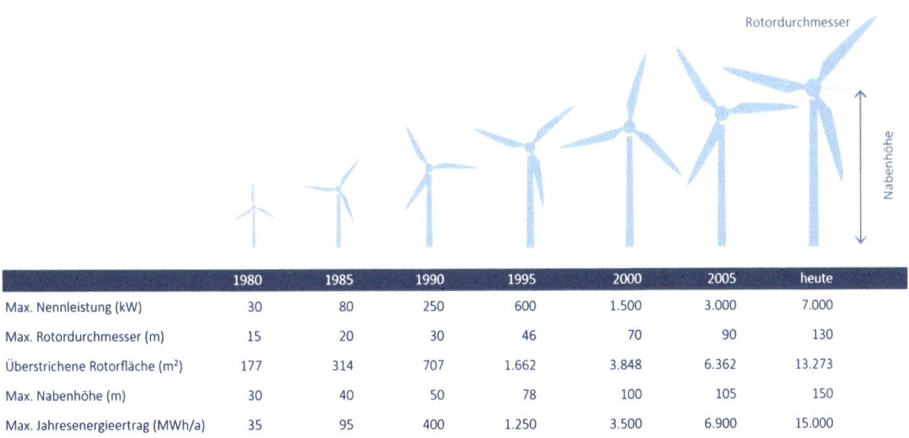

	1980	1985	1990	1995	2000	2005	heute
Max. Nennleistung (kW)	30	80	250	600	1.500	3.000	7.000
Max. Rotordurchmesser (m)	15	20	30	46	70	90	130
Überstrichene Rotorfläche (m²)	177	314	707	1.662	3.848	6.362	13.273
Max. Nabenhöhe (m)	30	40	50	78	100	105	150
Max. Jahresenergieertrag (MWh/a)	35	95	400	1.250	3.500	6.900	15.000

Abb. 3.37 Leistungssteigerung der Windenergienutzung. (Quelle: BWE 2016)

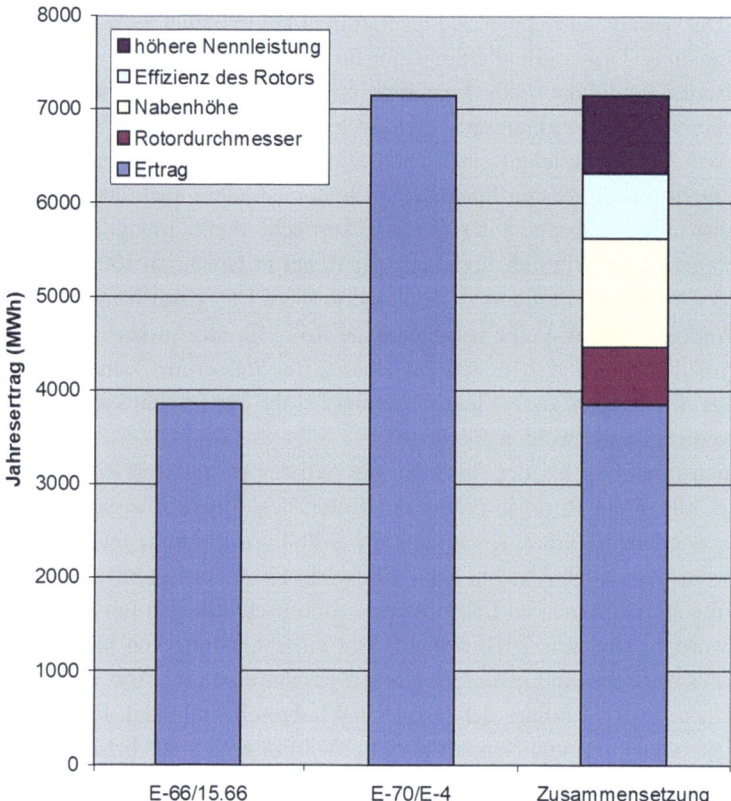

Abb. 3.38 Einfluss von Windgeschwindigkeit, Rotor, Nabenhöhe, Effizienz (Aerodynamik) und Nennleistung bei Volllast auf den Ertrag bei zwei ENERCON Anlagen. (Quelle juwi 2012a)

Die besonderen technischen Herausforderungen bei der Windenergie auf See liegen bei der Verankerung im Meeresboden (vgl. Abb. 3.39). Die Fundamente werden meist tief in den Boden gerammt, um für die notwendige Standsicherheit zu sorgen. Der Abtransport des Stromes wird über das Verlegen von speziellen Seekabeln erreicht.

Windenergieprojekte
Prinzipiell unterscheidet man in der Planung zwischen Windenergieanlagen an Land und auf See. Da allerdings das Potenzial an Meeresflächen in Deutschland sehr beschränkt ist, spielt die Windenergie an Land eine größere Rolle. Allerdings unterscheiden sich die beiden Projektarten durch grundlegende administrative Rahmenbedingungen, was die Planung angeht, als auch durch eine sehr unterschiedliche Vergütung im Betrieb. Gleich ist beiden, dass sich die Flächenkulisse über die Raumordnungsplanung ergibt, der spezifische Standort dann jedoch noch gesondert genehmigt werden muss.

3.4 Entstehung von Strom

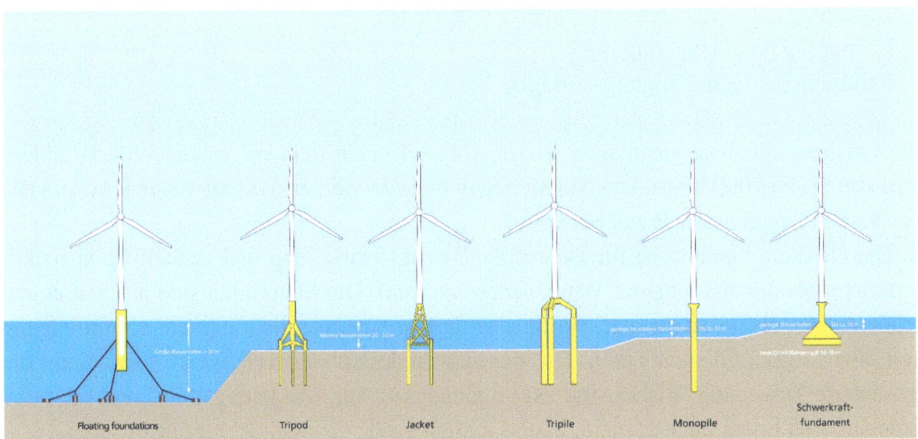

Abb. 3.39 Mögliche Fundamente für Offshore Anlagen. (Quelle: SOW 2018)

Windenergie auf See (Offshore) wird in Deutschland aus Naturschutzgründen (Schutz des Wattenmeers) und um Auswirkungen auf das Landschaftsbild auszuschließen, weit vor der Küste gebaut. Viele geeignete Flächen liegen deshalb außerhalb der 12-Seemeilen-Zone, in der ‚Ausschließlichen Wirtschaftszone' (AWZ). Für diesen Raum gilt eine eigene Rechtsverordnung: Die Raumordnung der deutschen ausschließlichen Wirtschaftszonen Nordsee und Ostsee[6]. Diese ist zudem planungsrechtliche Grundlage für Belange der traditionellen Bewirtschaftung der Meere (Fischerei, Schifffahrt, Rohstoffgewinnung, Verlegung von Seekabeln und Rohrleitungen, Aquakultur), der wissenschaftlichen Forschung, sowie des Meeresumweltschutzes, sodass Anschluss und Transport der Offshore erzeugten Energie ebenfalls über die gleiche Rechtsverordnung geregelt wird. Der derzeitige Raumordnungsplan weist für die Nordsee drei Vorranggebiete und für die Ostsee zwei aus. Zuständig für die Genehmigung ist das Bundesamt für Seeschifffahrt und Hydrografie (BSH). Bis zum 1. Januar 2017 erfolgte die Genehmigung auf Grundlage der Seeanlagenverordnung. Seitdem gilt das Windenergie-auf-See-Gesetz (WindSeeG). Beide sehen vor, dass vor der Erteilung der behördlichen Genehmigung ein Planfeststellungsverfahren durchzuführen ist. Im Rahmen dessen ist in der Regel auch eine Umweltverträglichkeitsprüfung Pflicht, also auch die Öffentlichkeit zu beteiligen. Der Planfeststellungsbeschluss ergeht mit einer Vielzahl von Nebenbestimmungen, die sicherstellen, dass Bau und Betrieb keine negativen Auswirkungen auf die Sicherheit des Schiffs- und Luftverkehrs, sowie die Meeresumwelt haben (vgl. BSH 2018). Diese Verfahren sind sehr aufwendig und gliedern sich in folgende Schritte (vgl. BMWi 2018):

- Projektantrag und Beteiligung der Träger öffentlicher Belange und der Öffentlichkeit
- Antragskonferenz oder Scoping-Termin

---

[6]Download unter: http://www.bgbl.de/ (27.07.2012).

- Erstellung der Gutachten und weiterer Unterlagen
- Erörterung und Genehmigung
- Erfüllung der Genehmigungsauflagen

Bei Offshore Windenergieanlagen wie in Abb. 3.40 geht man von einer Volllaststundenzahl von bis zu 7000 h aus. Die Nennleistung einer modernen Turbine beginnt bei 5 MW, die Narben liegen in der Regel bei 90 m.

Die Offshore Technik ist für Deutschland noch relativ jung und deshalb auch risikobehafteter als die Nutzung der Windenergie an Land. Die Materialen sind auf See einem größeren Verschleiß ausgesetzt, sie müssen hohen Windgeschwindigkeiten, Wellengang und salzhaltiger Luft standhalten. Die Wartung ist deshalb aufwendiger, hinzu kommt die erschwerte Zuwegung. Bisher sind es, im Gegensatz zur Windenergie an Land oder den Erneuerbaren Energien allgemein, hauptsächlich große Firmen, die hier investieren.

Für Deutschland geht man bei der Windenergie an Land mittlerweile von einer Volllaststundenzahl zwischen 2000 und 4000 h im Jahr aus. Die Leistung einer modernen Turbine liegt in der Regel heute zwischen 2 und 3,5 MW. Typische Nabenhöhen bewegen sich zwischen 100 und 150 m und Rotordurchmesser sind meist auch über 100 m, sodass sich eine Gesamthöhe von 200 m und mehr ergibt (siehe Beispiel Abb. 3.41). Die Jahresstromerträge liegen bei circa. 8.000.000 kWh.

Wie bereits zuvor beschrieben, ist die Windgeschwindigkeit der ausschlaggebende Faktor bei der Planung von Windenergieprojekten bzw. bei der Suche nach einem

Abb. 3.40 Windenergieanlage in der Ostsee

Abb. 3.41 Moderne Windenergieanlagen in Hessen. (Quelle: Firma Luftstrom)

geeigneten Standort. Hierbei helfen Windkarten des Deutschen Wetterdienstes (DWD), bzw. auch lokal und regional erstellte Windatlanten. Die Windenergieplanung orientiert sich heute generell an einer Höhe von 100 m über Geländeoberkante bzw. den dort vorliegenden Windgeschwindigkeiten. Da die Messungen des DWDs in der Regel in geringeren Höhen stattfinden, werden diese Werte meist extrapoliert und sind dementsprechend ungenau. Stehen in einer Region schon Windenergieanlagen, können diese ‚allgemeinen' Werte um Realdaten von den Anlagen ergänzt werden, sodass die Windkarten genauer werden. Ist die Unsicherheit über die Windgeschwindigkeit am Standort und damit über die Wirtschaftlichkeit der Anlage besonders groß, wird eine Windmessung in entsprechender Höhe und über einen entsprechend langen Zeitraum (mindestens ein Jahr) durchgeführt. Die Hauptwindrichtung in Deutschland ist Westen, weshalb die Anlagen nach Westen ausgerichtet sein sollten. Windenergieanlagen sind nach Baugesetzbuch im Außenbereich (außerhalb von geschlossenen Siedlungen) privilegiert. Dennoch können sie nicht überall errichtet werden, es gibt sogenannte Ausschluss- und Abwägungskriterien bei der Planung (vgl. Abb. 3.42). Ausschlusskriterium ist beispielsweise der Abstand zu geschlossenen Siedlungen (in der Regel 750–1100 m) und zu Splittersiedlungen (Außenbereich, meist zwischen 300–600 m). Ebenfalls um Infrastrukturen, wie Straßen, Stromleitungen etc. müssen Abstände eingehalten werden, zudem sind Vogelschutz- und Naturschutzgebiete für die Planung tabu. In Landschaftsschutz-, FFH- und Welterbegebieten kann hingegen oft zwischen der Windenergie und dem jeweiligen Schutzzweck abgewogen werden.

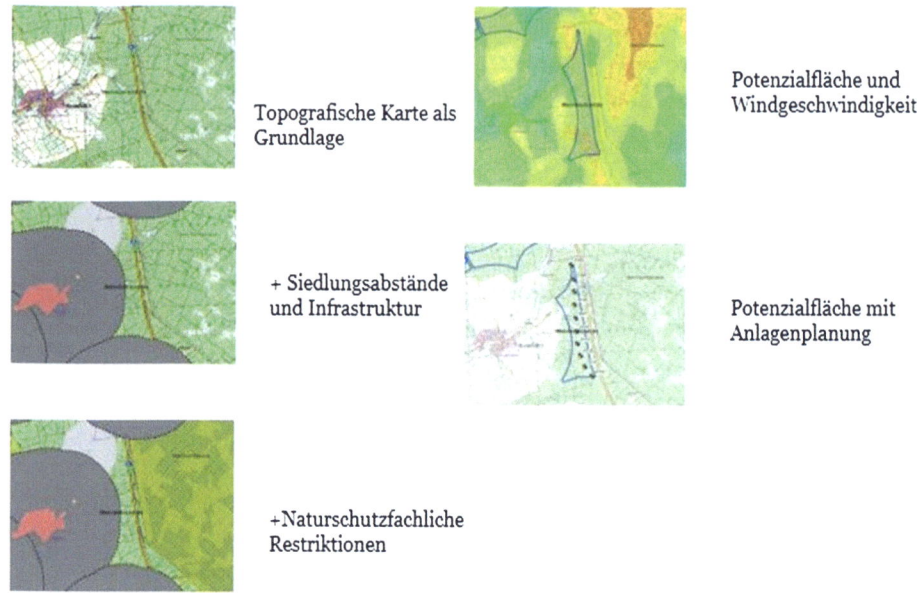

Abb. 3.42 Einschränkungen durch Planungsrestriktionen an einem Beispiel in Rheinland-Pfalz. (Quelle: juwi 2012b)

Berücksichtigt man diese Restriktionen, bleibt in einer zu beplanenden Region für die Windenergie oft wenig Platz. Hinzu kommt, dass durch die kommunale Bauleitplanung in der Regel Eignungsgebiete für die Windenergie ausgewiesen werden und eine freie Planung durch die gesetzliche Privilegierung im Baugesetzbuch hinfällig wird. Die Ausweisung der Eignungsgebiete übernimmt je nach Bundesland entweder die Regionalplanung allein oder sie wird von der kommunalen Flächennutzungsplanung ergänzt. Dasselbe gilt umgekehrt: Die Flächennutzungsplanung kann ebenfalls allein Gebiete für die Windenergienutzung ausweisen und flächenscharf über Bebauungspläne festlegen. In dem oben beschriebenen Beispiel aus Rheinland-Pfalz legt die Verbandsgemeinde über eine Flächennutzungsplanung Vorranggebiete für die Windenergienutzung fest. Eine Planung bzw. der Bau von Windenergieanlagen außerhalb dieser festgelegten Gebiete ist nicht vorgesehen. Die Gebiete, welche sich nach Abzug der oben genannten Restriktionen eignen, müssen also über die Flächennutzungsplanung auch ausgewiesen werden. In Einzelfällen kann auch ein Genehmigungsantrag außerhalb der ausgewiesenen Flächen gestellt werden, dies ist jedoch weitaus aufwendiger und kostspieliger als einen Antrag im ausgewiesenen Gebiet zu stellen, weshalb es in der Realität selten gemacht wird.

Nach der Festlegung auf ein geeignetes Gebiet über die kommunale Bauleitplanung geht es darum, eine Baugenehmigung für das Windenergieprojekt zu bekommen. Hierfür muss ein Antrag nach Bundesimmissionsschutzgesetz (BImSchG) gestellt werden. Auch hier ist es der Part des Natur- bzw. des Artenschutzes, der den größten Raum einnimmt und auch die meisten Ablehnungen innerhalb des Genehmigungsverfahrens mit sich

3.4 Entstehung von Strom

bringt. Die naturschutzfachlichen Untersuchungen nehmen mindestens eine komplette Vegetationsperiode in Anspruch. Hinzu kommen Sachverständigengutachten zu Schall- und Schattenwurf, sowie Auswirkungen auf das Landschaftsbild. Berücksichtigt werden müssen außerdem die Auflagen des Denkmalschutzes, sowie der Platzbedarf um Flughäfen und Flugsicherungseinrichtungen.

Eine moderne Windenergieanlage hat in etwa den Flächenbedarf von einem guten halben Hektar. Dieser ergibt sich aus den Flächen für Fundament, für die Zuwegung (inklusive temporärer Kurvenradien, der Kranstellfläche und die Kabeltrasse). Hinzu kommen Flächen, die der Rotorflügel in Bewegung streift (sogenannte Abstandsflächen) und solche für naturschutzfachliche Ausgleichsmaßnahmen. All diese Flächen müssen der Windkraft von den FlächeneigentümerInnen zur Verfügung gestellt werden. Meist werden diese Flächen für 25 Jahre gepachtet, um Aufbau, Betrieb und Abbau der Anlagen abzudecken.

Probleme bei der Nutzung von Windenergie

Sowohl die Prozesse zur Flächenbereitstellung, als auch zur letztendlichen Genehmigung der Anlage an einem konkreten Standort gestalten sich als sehr komplex und langwierig (siehe Abb. 3.43). In beiden Fällen vergeht selten weniger als ein Jahr.

Gerade was die naturschutzfachlichen Untersuchungen insbesondere bei der Genehmigung angeht, werden Einwände aus der Bevölkerung beachtet und untersucht, was sehr viel Zeit kostet. Die Ausweisung eines rechtsicheren Vorranggebiets für Windenergieprojekte ist im Idealfall schon erfolgt oder läuft parallel, da Entscheidungsprozesse zur Ausweisung der Standorte schwerpunktmäßig auf untersten Planungsebenen (z. T. Ortsgemeinden) mit erheblicher BürgerInnenteilnahme stattfinden. Jede einzelne Einwendung erhält hier Gewicht, was oft zum Scheitern von Projekten bereits bei der Flächenausweisung führt. Innerhalb des Naturschutzes ist es vor allem die Avifauna die Aufmerksamkeit erhält. Zu Recht, denn Flugtiere können an Windenergieanlagen zu Schaden oder zu Tode kommen, obwohl die Möglichkeit des Ausweichens besteht, schließlich stehen 98 % der Gesamtfläche der Bundesrepublik für

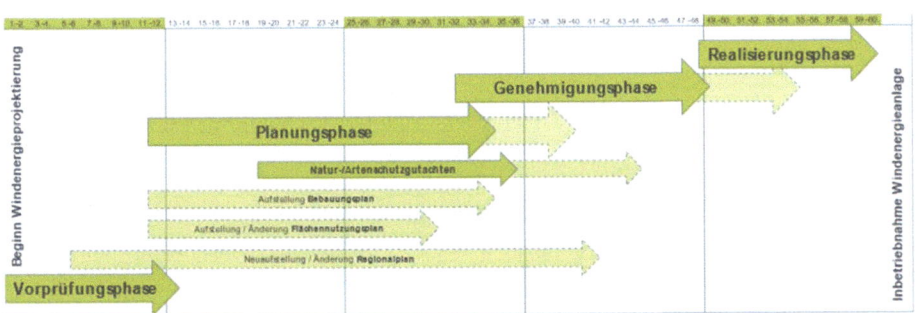

Abb. 3.43 Planungszeiträume Windenergieanlagen in Monaten. (Quelle FA Wind 2015, S. 10)

die Windenergienutzung gar nicht zur Verfügung. Dennoch kann es gerade durch eine Ansammlung von Anlagen zu Gefährdungen kommen. Während die Vogelzüge gut überwacht sind und die Anlagen in dieser Zeit deutschlandweit abgestellt werden können, ist es lokal nicht so einfach. Vor allem während der Nahrungsbeschaffung sind Raubvögel gefährdet, mit den Anlagen zu kollidieren. Gefährdungspotenzial besteht ebenfalls für Fledermäuse. Sie sind allerdings weniger kollisionsgefährdet, als dass sie ein sogenanntes Barotrauma erleiden können. Ein Barotrauma ist eine Druckverletzung, welche Lunge und innere Organe sogar platzen lassen kann. Diese Druckverletzung bei Fledermäusen entsteht durch Verwirbelungen und den Druckabfall hinter den Rotorblättern entsteht. Auch wenn die unterschiedlichen Arten mittlerweile so gut untersucht sind, dass diese Risiken (explizit Tötungsrisiko) verringert werden können – etwa durch Abschaltungen zu den Jagdzeiten oder Vergrämungsmechanismen zur Anwendung kommen – bleibt ein Restrisiko bestehen und führt auch, wenn es nicht signifikant höher als das allgemeine Lebensrisiko ist, oft zu einem Nicht-umsetzen des Projektes. Als weiteres Problem bei der Windenergienutzung wird der ‚*Verbrauch an Landschaft*' durch die weite Sichtbarkeit der Anlagen gesehen. Sie wird gemeinhin unter dem Schimpfwort ‚*Verspargelung der Landschaft*' geführt.

Bei der Offshore Windenergie kommt der notwendige Schutz der Meeresorganismen hinzu. In Deutschland sind das vor allem umfassende Konzepte zum Schallschutz unter Wasser. Denn insbesondere bei der Rammung der Gründungsstrukturen in den Seeboden können die lärmsensiblen und unter Artenschutz stehenden Schweinswale sowie andere maritime Säuger zu Schaden kommen.

Solarenergie
Die Produktion von Strom mittels Sonnenenergie kann auf zwei Arten erfolgen. Einmal innerhalb von Photovoltaikmodulen unter Ausnutzung des fotovoltaischen Effektes und zum anderen über das Prinzip Induktionsstrom mittels Dampfturbine. Wärmequelle zur Dampferzeugung ist hierbei die Sonneneinstrahlung. Diese wird über gebogene Spiegel (Parabolspiegelrinnen) eingefangen und konzentriert. Die Wärme wird über eine Trägerflüssigkeit aufgenommen und dem Kessel bzw. der Dampfturbine zugeführt. Allerdings ist für eine Stromproduktion mittels Solarthermie in Deutschland die Sonneneinstrahlung zu schwach. Die Globalstrahlungswerte (vgl. Abschn. 2.2.1 Solarstrahlung) betragen durchschnittlich circa 1000 kWh/m^2/a. Erst ab einer direkten Sonneneinstrahlung von 1700 kWh/m^2/a wird derzeit eine wirtschaftliche Nutzung möglich (vgl. BPB 2016). Deshalb beschränken sich die folgenden Ausführungen auf die Fotovoltaik.

Geschichte der Photovoltaik
Die Geschichte der Photovoltaik begann 1839 mit der Entdeckung des ‚Lichtelektrischen bzw. photovoltaischen Effekts' (vgl. Abschn. 3.4 Entstehung von Strom) durch den Franzosen Alexandre Edmond Bequerel. Ihm gelang es zum ersten Mal nachzuweisen, dass Photonen (Licht) aus einem negativ geladenen Metall sichtbar Elektronen heraustrennen. Er stellte eine Zunahme von elektrischer Spannung fest. Erklären konnte er

dies allerdings nicht. Bis der englische Elektroingenieur Willoughby Smith diesen Effekt 1877 am Halbleiter Selen nachwies, war es relativ ruhig um die Fotovoltaikentwicklung. Schon sechs Jahre später baute der US-Amerikaner Charles Fritts ein erstes Solarmodul aus Selen-Solarzellen. Der Wirkungsgrad war mit 1–2 % sehr gering. Zudem fehlte nach wie vor das technische Verständnis der Wirkungsweise von Solarzellen. Erklären und beweisen konnte diesen Zusammenhang erst Albert Einstein mithilfe seiner Quantentheorie des Lichts im Jahre 1905. Trotzdem dauerte es noch bis 1954, bevor die Entwicklung der Fotovoltaik – wie man sie heute kennt- einen entscheidenden Schritt machte. Die Bell Telephone Laboratories in New Jersey entwickelten damals die erste Silizium-Solarzellen. Diese waren ca. 2 cm^2 groß und besaßen einen Wirkungsgrad von bis zu 6 %. Das war der Startschuss für die industrielle Produktion von Solarzellen. Die sehr kostspielige Produktion beschränkte den Einsatz der Fotovoltaikzellen vornehmlich auf die Raumfahrt. Bereits seit 1958 wurden Satelliten und Weltraumfahrzeuge standardmäßig von Solarstromanlagen mit Energie versorgt. Der US-Raumfahrt-Satellit Vanguard I besaß als erster Satellit ein Solarpaneel. Dieses war mit 108 Silizium-Solarzellen ausgerüstet, deren Wirkungsgrad bereits 10 % besaß. Auf der Erde war man zögerlicher, was den Einsatz von Solarzellen anging. Erst nach und nach begann man räumlich abgelegene Forschungseinrichtungen (z. B. die Forschungsstation Gondwana der Bundesanstalt für Geowissenschaften und Rohstoffe) auf der Erde mit Hilfe von Solarstrom zu versorgen. 1982 ging in Kalifornien/USA das erste Solarkraftwerk zur Stromerzeugung ans Netz und 1983 das erste deutsche auf der Insel Pellworm, welches als Hybridkraftwerk im Zusammenspiel mit Wind entstand (vgl. Solaranlagen-Portal 2018).

Wie bei den anderen Erneuerbaren Technologien, vor allem beim Wind, waren es letztendlich wirtschaftliche und politische Veränderungen, die das Interesse für die Anwendung verstärkten, etwa die erste Ölkrise von 1973 oder der Störfall im Atomkraftwerk Harrisburg/USA 1978. Es entstanden weltweit viele neue Forschungseinrichtungen zur Weiterentwicklung der Fotovoltaiktechnik, zum Teil mit staatlicher Unterstützung. Der Wirkungsgrad konnte hierdurch gesteigert und der Produktionspreis gesenkt werden. Ab Mitte der 1980er Jahre wurden die ersten Anlagen auf privaten Gebäuden in Deutschland installiert. 1990 wurde ein umfassendes Förderprogramm für private Haushalte ins Leben gerufen, das sogenannte 1000 Dächer Programm. Diese staatliche Förderung lief bis 1995 und wurde 1999 als 100.000 Dächer Programm der KfW-Bankengruppe weitergeführt (bis 2003). Während diese Förderprogramme noch weitgehend im Regime des Stromeinspeisegesetzes liefen, ging die Nutzung mit Einführung des EEG 2000 kontinuierlich in die Breite. Nach der ersten Evaluation des EEG im Jahr 2004 und dort verbesserter Förderbedingungen nahm der Zuwachs an Fahrt auf.

Technik
Eine Photovoltaikanlage besteht aus wenigen Komponenten (Abb. 3.44). Kernstücke sind die Solarmodule unterschiedlichster Halbleitermaterialien und der oder die Wechselrichter. Darüber hinaus sind Einspeise- und oder Verbrauchszähler, sowie diverse Kabel Bestandteile der Anlage.

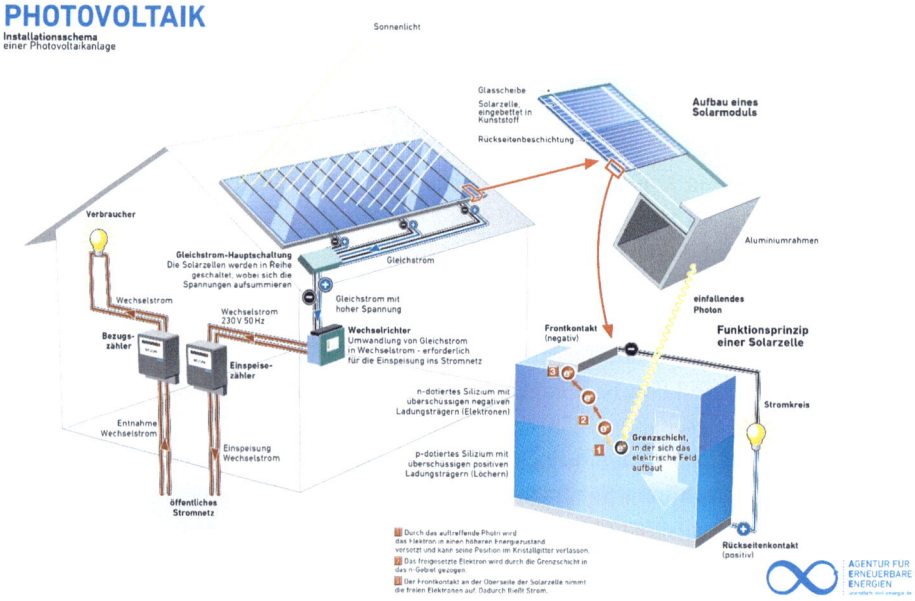

Abb. 3.44 Photovoltaikanlage – schematische Darstellung. (Quelle: AEE 2017e)

Während man zu Beginn der kommerziellen Nutzung hauptsächlich mono- und polykristalline Solarmodule aus Silizium eingesetzt hatte, benutzt man zwischenzeitlich auch Halbleitermaterialien organischen Ursprungs, hauptsächlich Kunststoffe auf Kohlenwasserstoffbasis. Allerdings wird der Markt nach wie vor von Siliziummodulen dominiert. Das Grundmaterial Silizium ist das zweithäufigste chemische Element, das in der Erdkruste vorkommt. Es liegt in Form von Silikaten oder als Quarz vor. Aus Quarzsand wird in einem Schmelz-Reduktionsofen Rohsilizium hergestellt. Die drei häufigsten Modultypen sind die monokristallinen, polykristallinen oder amorphen Siliziummodule (auch Dünnschichtmodule genannt). Während die ersten beiden aus Siliziumblöcken geschnitten und mit hohem Material und Energieaufwand verarbeitet werden, sind bei den Dünnschichtmodulen die Schichten lediglich in geringen Materialkonzentrationen auf einen Glasträger aufgesprüht. Neben Kosten- und Energieaufwand unterscheiden sich die unterschiedlichen Module in ihrem Wirkungsgrad, dem Schwachlichtempfinden, sowie abweichenden Leistungseinbußen bei hohen Umgebungstemperaturen. Während industriell gefertigte kristalline Module in der Regel über Wirkungsgrade von bis zu 22 % liegen, bleiben Dünnschichtmodule bisher unter der 20 %-Marke und haben deshalb einen entsprechend höheren Flächenbedarf zur selben Energieausbeute, als kristalline Module. Während bei kristallinen Modulen für ein kW zwischen 6–10 qm (Dach) benötigt werden, sind es bei Dünnschicht Modulen circa 12 qm (Dach). Allerdings erwirtschaften Dünnschichtmodule bessere Erträge bei diffusen Lichtverhältnissen (also eher trübem Wetter).

Die Module jedweden Typs produzieren über den fotovoltaischen Effekt bei Lichteinfall Gleichstrom. Dieser ist weder für die Einspeisung ins Stromnetz noch als Hausstrom geeignet. Deshalb bedarf es eines Wechselrichters, der den von den Solarmodulen produzierten Gleichstrom in netzkonformen Wechselstrom wandelt. Er sorgt außerdem dafür, dass die Fotovoltaikanlage stets im optimalen Bereich arbeitet, also an dem Punkt im Strom-Spannungs-Diagramm welcher der Zelle die maximale Leistung entnehmen kann. Zusätzlich überwacht der Wechselrichter die Netzparameter, insbesondere Spannung und Frequenz und schaltet die Anlage unter Umständen auch ab. Er ist zur Regulierung der Netzstabilität auch von Ferne ansteuerbar. Zu guter Letzt erfasst, speichert und meldet er Betriebsdaten und Fehler.

Photovoltaik Projekte
Solarstrahlung ist prinzipiell überall in Deutschland als Primärenergie verfügbar. Allerdings gibt es regionale Unterschiede, die jedoch nicht ganz so stark schwanken wie die bei der Windenergie. Standort und vor allem die Ausrichtung der Anlage sind maßgebliche Faktoren für den möglichen Ertrag. Maximaler Ertrag kann in Deutschland durch eine Ausrichtung nach Süden bis Südwesten und einer Modulneigung von circa 30 Grad erreicht werden. Anlagen werden in der Regel als stationäre Anlagen installiert, da aufgrund der niedrigen Globalstrahlungswerte der finanzielle Mehraufwand für eine der Sonne nachgeführte Anlage nicht lohnt. Der Ertrag einer stationären Anlage variiert im Tagesverlauf durch den unterschiedlichen Sonnenstand und Einfallswinkel. Auch ergibt sich eine monatsvariable Ertragskurve durch die Jahreszeiten und Sonnenstunden. Für Deutschland geht man von Globalstrahlungswerten bzw. Volllaststunden zwischen 800 und 1100 h im Jahr (h/a) aus. Die Leistung eines Solarmoduls wird in Kilowatt peak (kWp) angegeben und beschreibt die Leistung, die ein Modul unter optimalen (standardisierten) Bedingungen (25 °C, Einstrahlung 1000 W/qm, Sonnenlichtspektrum gemäß AM = 1,5) produzieren kann. Prinzipiell unterscheidet man in der Planung zwischen Freiflächen und Dachanlagen. Die Module werden demnach freistehend in der Landschaft oder auf einem Gebäudedach installiert. Die Unterscheidung in Freiflächen- oder Dachanlage ist nicht nur eine offensichtlich standortbezogene, sie entscheidet viel mehr über EEG-Fördermöglichkeit und damit dem Zugang zum Stromnetz, sowie die Höhe der Vergütungsgarantien für den von der Anlage produzierten Strom.

Die Module für Freiflächenanlagen werden meist auf sogenannten Tischen montiert (vgl. Abb. 3.45). Diese einfachen Trägergestänge können auf unversiegelten Flächen idealerweise in den Boden gerammt und damit befestigt werden. Die Module werden in der Regel zu einer zentralen Wechselrichtereinheit geführt, von der aus die Einspeisung ins Stromnetz geregelt wird. Die Neigung der Tische wird an die Topografie angepasst, sodass die Module in einem optimalen Neigungswinkel zur Sonne stehen (30°). Ein Reihenabstand in ungefähr 2-facher Höhe bei 30°-Neigung hält die Verschattung auf Minimum.

Das Anbringen von Dachanlagen orientiert sich nach Deckung, Beschaffung und Neigung des Daches. Bei Flachdächern müssen die Module, wie beispielsweise in Abb. 3.46, in der Regel aufgeständert werden. Hier ist es besonders wichtig, Verschattungsabstände einzuhalten, um einen optimalen Betrieb zu gewährleisten.

Auf Satteldächern werden die Module meist mit Schienen der Neigung des Daches entsprechend angebracht, vorwiegend auf der Außenhaut des Daches. In wenigen Fällen

Abb. 3.45 Tisch einer Freiflächen- oder Aufdachanlage

Abb. 3.46 Fotovoltaikmodule aufgeständert

werden dachintegrierte Anlagen verbaut, denn ihre Installation ist ungleich kostenintensiver, als bei gleichwertigen Aufdachanlagen. Ausgehend von einem Flächenbedarf zwischen 6–10 qm pro kWp können auf Einfamilienhäusern ca. 5 kWp installiert und damit durchschnittlich 5000 kWh Solarstrom im Jahr erzeugt werden. Voraussetzung zur Installation einer Dachanlage ist, dass das Dach über ausreichend freie Lasten verfügt und die Flächen für die Module möglichst unverschattet sind. Optimal ist eine Ausrichtung nach Süden, sowie keine Gauben oder Schornsteine. Wichtig ist zudem, wie viel Stromeinspeisung das Verteilnetz an dieser Stelle aufnehmen kann. Während dies bei Wohnhäusern innerhalb von Ortschaften oft eine untergeordnete Rolle spielt, ist die Kapazität des sogenannten nächsten Netzverknüpfungspunktes außerhalb der

3.4 Entstehung von Strom

geschlossenen Ortschaften oft ein limitierender Faktor für die Größe des Solarprojektes. Während heute aufgrund der Vergütungsregelungen (vgl. Abschn. 4.4 Das Erneuerbare-Energien-Gesetz) hauptsächlich auf Gebäuden im Eigenbestand Anlagen installiert werden, wurden in der Vergangenheit vielfach Dächer zur Solarstromproduktion angepachtet. In vielen Fällen ist der Bau in und an Dächern und Außenwandflächen genehmigungsfrei und muss deshalb nicht von einer Baubehörde auf baurechtliche Zulässigkeit überprüft wird. Die BauherrIn ist für die Einhaltung der baurechtlichen Vorschriften selber verantwortlich. Notwendig wird eine Genehmigung bei denkmalgeschützten Häusern. Diese stellt das jeweilige Bundesland aus, wenn sichergestellt ist, dass die Fotovoltaikanlage das Gebäude nicht beschädigt. Auch örtliche Bebauungspläne können die Installation einer Anlage beschränken. Informationen hierzu finden sich in der jeweiligen Bauordnung der Kommunen. Die Installation und der Anschluss einer Dach- oder auch Fassadenanlage (siehe Abb. 3.47) nimmt nur wenige Wochen in Anspruch.

Abb. 3.47 Fassadenanlage Technisches Rathaus Freiburg im Breisgau

Anders verhalten sich die Planungszeiträume bei den Freiflächenanlagen. Allein für die Fläche bedarf es ab einer gewissen Größe, welche in vielen Landesbauordnungen mit einer Grenze von 9 × 3 m vorgeschrieben ist, einer Ausweisung mittels der kommunalen Bauleitplanung. Diese nimmt oft mehrere Monate oder sogar Jahre in Anspruch. Je nachdem, um was für eine Fläche es sich handelt, bedarf es naturschutzfachlicher Gutachten, welche sich in der Regel über mindestens eine komplette Vegetationsperiode erstrecken. Zudem müssen Flächen für die Anlage selbst, sowie Trassenwege für den Abtransport des erzeugten Stroms zum nächsten Netzverknüpfungspunkt gekauft oder (wie meist) gepachtet werden. Maßgebend für alle Anlagentypen Dach, Fassade oder Freifläche ist das Landesbaurecht jedes einzelnen Bundeslandes (vgl. SFV 2017).

Probleme bei der Nutzung von Photovoltaik
Die Photovoltaik leidet immer noch unter dem Ruf, mehr Energie bei ihrer Herstellung zu verbrauchen, als sie innerhalb ihres Lebenszyklus produzieren kann. Das mag für die ersten Anlagen aus monokristalinem Silizium in Einzelfertigung mit Wirkungsgraden von wenigen Prozent fast richtig gewesen sein, nicht aber für industriell gefertigte Module, wie sie seit vielen Jahren zur Anwendung kommen (vgl. Abschn. 3.4.4 Energetische Amortisation). Zudem haftet ihnen nach wie vor an, dass hier viele wertvolle Rohstoffe enthalten sind deren Wiederverwendung bzw. fachgerechte Entsorgung nicht gesichert ist. Als Elektrogeräte sind sie kein normaler Hausmüll und deshalb auch nicht als solcher zu entsorgen. Zu Beginn der industriellen Modulproduktion, Anfang der 2000er Jahre, gab es weder eine europäische noch eine deutsche Regelung zur Entsorgung von PV Modulen. So schlossen sich HerstellerInnen, Importeure und auch Projektentwickler zu einem freiwilligen Rückgabe-Netzwerk zusammen. Es entstand 2007 die europäische Industrievereinigung ‚*PV-Cycle*'. PV-Cycle besorgte für die EndverbraucherInnen eine kostenlose Entsorgung von alten PV-Modulen. Weltweit folgten über 250 HerstellerInnen und Importeure diesem Beispiel, was etwa 90 % der PV-Industrie entsprach. Europaweit wurden über 270 Sammelstellen eingerichtet, an denen VerbraucherInnen ihre Module kostenlos abliefern können, wenn der Hersteller Mitglied der Vereinigung war. Allerdings kam es im Laufe der Zeit auch wieder zu Austritten namhafter Hersteller, wie etwa 2012 des deutschen Unternehmens Solarworld. Eine langfristige Finanzierung der Vereinigung konnte nie gesichert werden. Da man spätestens 2015 mit einer ersten großen Modulschwemme rechnete (die ersten installierten Module erreichten das Ende ihrer mindestens 25 Jahre langen Lebenszeit), musste schnell eine europäische Lösung her. Die neue *Waste of Electrical and Electronic Equipment (WEEE) – Richtline* vom August 2012 verpflichtete PV-ProduzentInnen dazu, Solarmodule kostenfrei zurückzunehmen und fachgerecht zu recyceln. Das *Elektro Gesetz (ElektroG)* setzt diese europäische Richtlinie über Elektro- und Elektronik-Altgeräte in nationales Recht um. VerbraucherInnen können auf der Grundlage des ElektroG ihre alten Elektro- und Elektronikgeräte kostenlos bei den kommunalen Sammelstellen

und unter bestimmten Bedingungen auch bei großen Vertreibern abgeben. Die Hersteller müssen die Geräte bei den kommunalen Sammelstellen abholen und zur Wiederverwendung vorbereiten oder entsorgen lassen (vgl. BMUB 2017). Verschärft wurde das Gesetz im Oktober 2015 mit dem *neuen Elektrogesetz (ElektroG2)*. Es sieht vor, dass Elektrogeräte, zu denen erstmals auch Photovoltaik-Module zählen, registriert werden.

3.4.4 Energetische Amortisation

Die Frage nach der energetischen Amortisation, also nach dem Punkt, an dem die zu Herstellung, Betrieb und Entsorgung einer Energieerzeugungsanlage benötigte Energie wieder eingespielt wurde, wird meist nur für erneuerbare Energieanlagen gestellt. Sowohl für konventionelle Kraftwerke, als auch für Biomassekraftwerke sind zur Produktion von Induktionsstrom Brennstoffe notwendig, die ihnen kontinuierlich zugeführt werden müssen. Erneuerbaren Kraftwerken wie Wind-, Solar-, Wasser- und Geothermiekraftwerken müssen keine Brennstoffe zur Stromproduktion zugeführt werden, sie nutzen die frei verfügbaren erneuerbaren Energieträger. Die Energie bzw. Brennstoffe, welche sie in Anspruch nehmen, umfasst die zur Herstellung, dem Betrieb und der Entsorgung des Kraftwerkes. Amortisiert haben sich diese Kraftwerke energetisch, sobald sie diese Energie aus frei verfügbaren erneuerbaren Quellen wieder produziert haben. Diese Zeiten bewegen sich ungefähr zwischen vier und dreißig Monaten, je nach Technologie (vgl. Tab. 3.2). Konventionelle Kraftwerke können sich aufgrund der ständig benötigten Brennstoffzufuhr nie energetisch amortisieren.

Tab. 3.2 Energetische Amortisation verschiedener Erzeugungsformen

Energieträger	Energetische Amortisation (Herstellung, Betrieb und Entsorgung)
Wind	4-7 Monate
Solar	10-30 Monate
Wasser	9-13 Monate
Erdwärme	7-10 Monate
Konventionell	Nie

Tab. 3.3 Gängige installierte Leistung (kW) unterschiedlicher Kraftwerke mit typischer Volllaststundenzahl (h) und resultierendem mittleren Jahresertrag (Beachte: 1000 kW = 1 MW = 0.001 GW)

Energieträger	Installierte Leistung	Volllaststunden	Ertrag
Wind	3000 kW	2500 h	7.500.000 kWh
Solar	5 kWp	1000 h	5.000 kWh
Klein-Wasser	500 kW	8000 h	4.000.000 kWh
Bio	1500 kWel	7500 h	11.250.000 kWh
Konventionell	2000000 kW	7500 h	15.000.000.000 kWh

3.4.5 Wirtschaftliche Amortisation

Abweichend in der Amortisation ist das Verhältnis konventioneller zu erneuerbaren Kraftwerken bei der wirtschaftlichen Amortisation. Sie beschreibt die Zeit, bis die Anlage sich durch den Verkauf der Energiemenge finanziell amortisiert hat (vgl. Tab. 3.3). Bei den Erneuerbaren Energie-Anlagen werden in der Regel Kraftwerke mit kleineren Nennleistungen (Kilo- bzw. Megawatt) installiert. Hinzu kommt, dass diese Kraftwerke nur zu bestimmten Zeiten Energie produzieren, nämlich dann, wenn Wind, Wasser oder Sonne verfügbar sind. Sie schaffen also naturgegebener Maßen nur eine gewisse Anzahl von Betriebsstunden (h) und können mit ihrer installierten Leistung (kW) nur einen gewissen Ertrag (kWh) erwirtschaften. Bei den Erneuerbaren Energie-Anlagen spricht man bei den fluktuierenden Erneuerbaren Quellen meist nicht von Betriebsstunden, sondern von Volllaststunden. Volllaststunden umschreiben die Betriebsstunden, welche die Anlage auf voller Kapazität ihrer installierten Leistung läuft. Je mehr Volllaststunden erreicht werden desto höher der Ertrag und desto besser der Standort der Anlage! Denn der Ertrag errechnet sich aus der installierten Leistung mal den Volllaststunden am Standort.

Aufgrund der großen installierten Leistungen, sowie der hohen Betriebsstunden – oft in Volllast – amortisieren sich konventionelle Kraftwerke wirtschaftlich oft sehr schnell.

3.5 Entstehung von Mobilität

Unter Mobilität versteht sich hier alles, was nicht aus eigener Kraft geschieht, wie etwa Laufen oder Radfahren. Analog ist eine Energiequelle für die Bewegung von A nach B von Nöten. Während beim Prozess der Stromentstehung Bewegungsenergie in Strom gewandelt wird, ist es in der Mobilität umgekehrt: Strom oder eine andere Energiequelle wird in Bewegung umgewandelt.

3.5.1 Geschichte der Mobilität

Bis zur Motorisierung in der Mobilität war diese bereits erneuerbar. Es wurde die Ressource Sonne in Form der Wind- und Wasserkraft genutzt, sowie als Bioenergie. Es verkehrten nicht nur Segel- und Treidelschiffe, sondern auch beispielsweise in den Niederlanden seit dem 17. Jahrhundert zweimastige Windkutschen. Diese erreichten sogar eine Reisegeschwindigkeit von dreißig Stundenkilometern und transportierten bis zu 28 Passagiere (vgl. Singh 1998). Die Bioenergie kam seit frühester Menschheitsgeschichte in Form von Futtermitteln für Reit- und Transporttiere zum Einsatz, was heute nur noch selten der Fall ist (vgl. Abb. 3.48).

Mit Erfindung der Dampfmaschine wurden die ersten motorisierten Einheiten betrieben, sowohl schienengebunden, als auch individuell bewegte Fahrzeuge. Frühe Brennstoffe wie Kohle wurden nach und nach durch erdölbasierte abgelöst. Viele Autos und Schienenfahrzeuge fuhren zum Beginn der Individualmotorisierung auch elektrisch. Bereits in den 1830er Jahren wurden erste Elektrofahrzeuge in Schottland und den USA konstruiert (vgl. Hassanzada 2011). Zur Jahrhundertwende 1899 fuhren in New York beispielsweise nur elektrische Taxis. Trotzdem gilt als Tag der Autowerdung der 29. Januar 1886, als Carl Benz für sein erstes Fahrzeug mit Verbrennungsmotor das Patent erhielt. Nach und nach verdrängte der Verbrennungsmotor bis zum heutigen Tage die Elektromobilität. Während in anderen Ländern für das Prinzip des Verbrennungsmotors auch

Abb. 3.48 Transporttiere beim ‚*Auftanken*'

andere Kraftstoffe eingesetzt wurden, wie etwa Alkohol aus Zuckerrohr in Brasilien, setzten sich weltweit doch die fossilen Kraftstoffe Benzin und Diesel durch. Es bedurfte einer Gesetzesänderung in den USA, die Elektromobilität neu zu beleben. In den frühen 1990er Jahren sorgte der *California Air Resources Board (CARB)* für eine stufenweise Einführung von Elektrofahrzeugen und dass die Batterieforschung wieder aufgenommen wurde. Leider wurde diese Gesetzgebung 2003 wieder rückgängig gemacht, aber einige und vor allem neue und kleinere Firmen investierten in die Entwicklung von Elektro- und Hybridfahrzeugen, sodass die Zahlen langsam anstiegen. Förderprogramme zum Kauf von Elektrofahrzeugen wurden in Deutschland erst Ende 2015 umgesetzt, es handelt sich um eine Kaufprämie, welche die höheren Anschaffungskosten im Vergleich zu einem Verbrennungsfahrzeug teilweise kompensieren soll.

3.5.2 Erneuerbare Mobilität

Die Mobilität ist der Energiebereich mit den niedrigsten Ausbauzahlen. Fast 95 % des Kraftstoffes aus dem deutschen Fuhrpark sind nach wie vor fossilen Ursprungs, wie Abb. 3.49 zeigt.

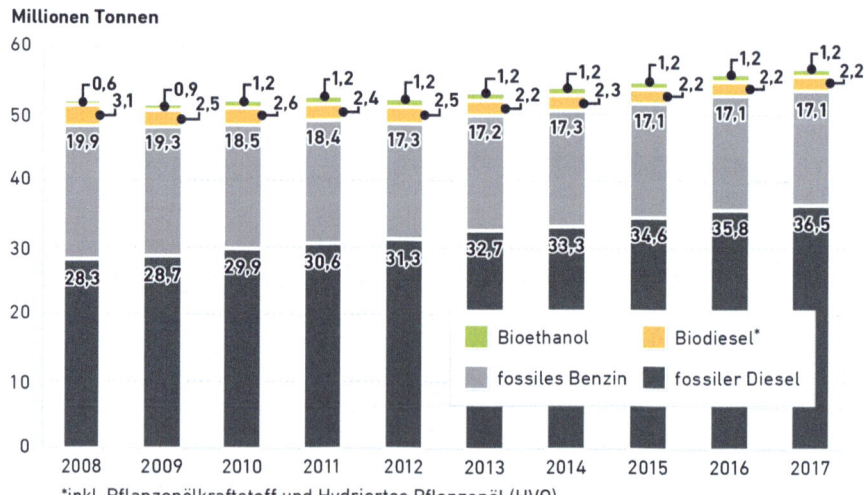

Abb. 3.49 Biokraftstoffe und fossiler Kraftstoffverbrauch in Deutschland 2016. (Quelle: AEE 2017f)

3.5 Entstehung von Mobilität

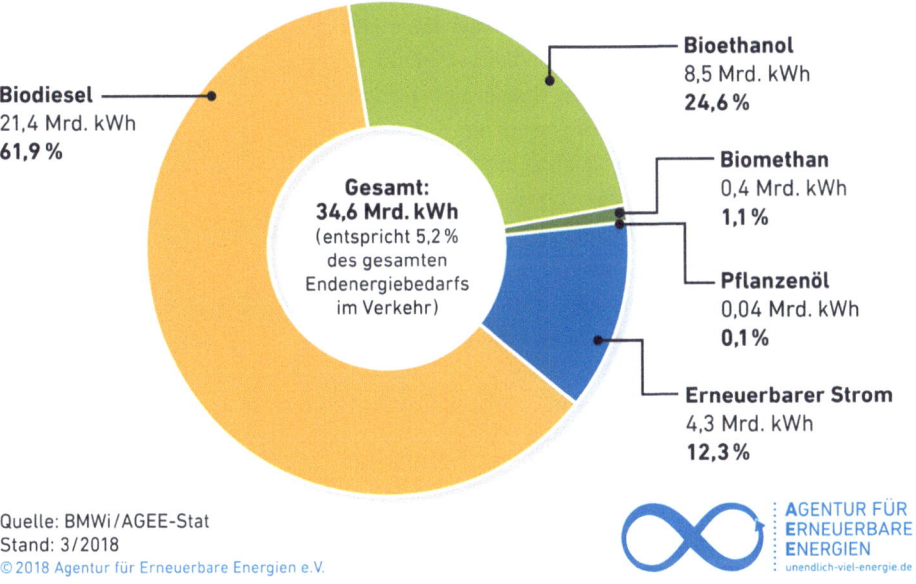

Abb. 3.50 Erneuerbare Energien im Verkehrssektor 2017. (Quelle: AEE 2018a)

Prinzipiell unterscheidet man in der erneuerbaren Mobilität Fahrzeuge, die nach wie vor Verbrennungstechniken als Antrieb nutzen und solche, die elektrisch betrieben werden (hierzu gehört auch die Nutzung von Wasserstoff als EnergieträgerIn für Elektroantriebe mittels Brennstoffzelle).

Im Jahr 2017 deckten Erneuerbare Energien aus Bioenergie, Sonne und Co. 5,2 % des Gesamtenergieverbrauchs im deutschen Verkehr ab. Biokraftstoffe machten mit fast 90 % den größten Anteil daran aus (vgl. BMWi 2018 sowie Abb. 3.50).

Technik

Flüssige Biomasse, welche vorwiegend in den Bereichen Wärme und Mobilität zum Einsatz kommt, unterliegt aufwendigen Prozessen vor ihrer Nutzung als Endenergie. Im Mobilitätsbereich kommen unterschiedliche Kraftstoffe aus flüssiger und gasförmiger Biomasse zum Einsatz, allen voran Bio-Erdgas, Pflanzenöle und Alkohole. Diese werden anstelle fossiler Kraftstoffe in Verbrennungsmotoren eingesetzt. Das Prinzip der Verbrennungsmotoren wurde bereits im Kapitel Öl- bzw. Blockheizkraftwerke (vgl. Abschn. 3.3 Entstehung von Wärme) kurz erläutert: Ein Kraftstoff-Luftgemisch wird in einem Kolben gezündet und erzeugt Bewegungsenergie, welche im Falle eines Fahrzeuges auf eine Welle zum Antrieb übertragen wird.

Die flüssigen Biokraftstoffe, Pflanzenöl und Alkohol, können in einem ersten Schritt als Reinkraftstoffe, anstelle fossilen Diesels und Benzin, zum Einsatz kommen. Während der Herstellung von Pflanzenölen ein Extraktionsvorgang zugrunde liegt, meist durch mechanisches Mahlen und Filtrieren, bedarf die Herstellung von Alkoholen eines Vergärungsvorganges (Fermentation). Der Ölgehalt von in Deutschland vorwiegend eingesetzten Rapspflanzen bzw. Samen, beträgt ungefähr 40 %, sodass etwa 60 % Samen nach dem Extrahieren von Pflanzenölen verbleibt. Dieser Pressrückstand wird auch Rapskuchen genannt und dient mit seinem hohen Eiweißgehalt als wertvolles Tierfutter, sowie als ‚Brennstoff' für eine Biogasanlage.

Der als Benzinersatz hauptsächlich eingesetzte Alkohol ist Ethanol und wird als Bioethanol bezeichnet. Er kann aus verschiedenen pflanzlichen Rohstoffen erzeugt werden, sowohl aus stärkehaltigen (z. B. Getreide, Kartoffeln, Mais), als auch aus zuckerhaltigen Pflanzen (z. B. Zuckerrübe, Zuckerrohr). In Deutschland werden hauptsächlich Getreide und Zuckerrüben verwendet (vgl. Abb. 3.51). Der Produktionsprozess für stärke- und zuckerhaltige Rohstoffe unterscheidet sich gleich zu Beginn. Ausgangspunkt zur Fermentation ist der Zucker, sodass bei stärkehaltigen Getreiden ein zusätzlicher Prozess der eigentlichen Fermentation voraus geht. Eine Mühle zerkleinert das stärkehaltige Getreide, um so die Stärke leichter in Zucker wandeln zu können. Die Zugabe von

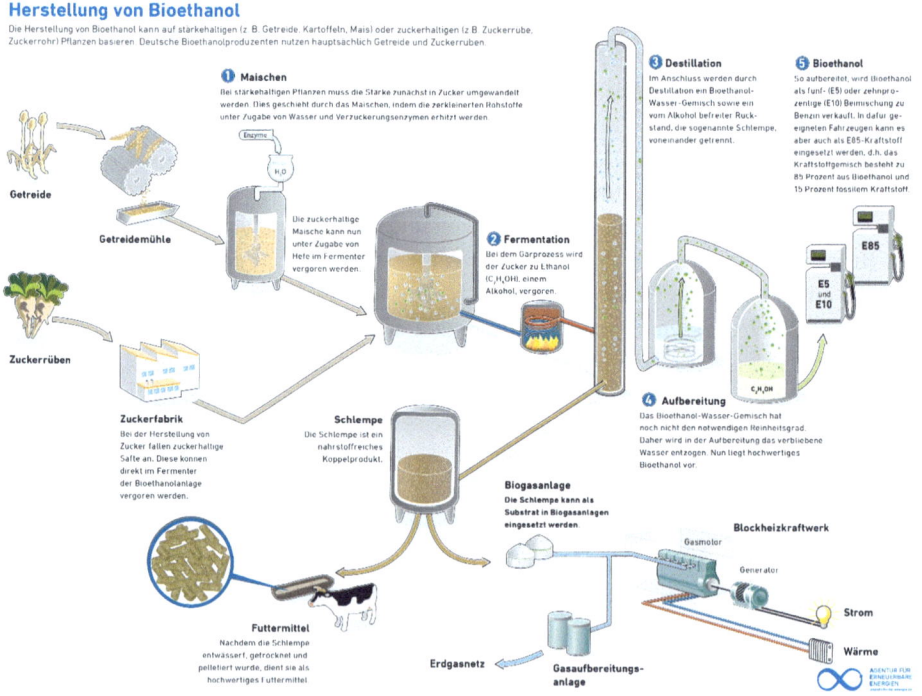

Abb. 3.51 Herstellung von Bioethanol. (Quelle: AEE 2017g)

3.5 Entstehung von Mobilität

Wasser und Verzuckerungsenzymen unter Wärmezufuhr nennt sich Maischen. Diese zuckerhaltige Maische kann nun genauso wie die zuckerhaltigen Säfte aus Zuckerrübenfabriken im Fermenter der Bioethanolanlage vergoren werden. Bei dem Gärprozess wird der Zucker in Ethanol (C_2H_5OH) umgewandelt und anschließend destilliert, um das Wasser zu entfernen. Damit das Bioethanol als Kraftstoff eingesetzt werden kann, wird ein Reinheitsgrad von über 99 % benötigt. Obwohl Bioethanol genau wie Pflanzenöl als Reinkraftstoff benutzt werden kann, wird aus Gründen der Zündwilligkeit für herkömmliche Verbrennungsmotoren meist 15 % Benzin beigemischt. Der Kraftstoff erhält dann die Bezeichnung E85. Es bedarf ähnlich wie bei der Nutzung reinen Pflanzenöls, geringfügiger Motoranpassungen. Als Beimischung zum fossilen Benzin wird Bioethanol mit 5 und 10 % Alkohol angeboten, entsprechend unter den Bezeichnungen E5 und E10. Hier sind keinerlei Modifikationen am Motor notwendig.

Ähnlich wie bei der Extraktion von Pflanzenöl verbleibt auch bei der Destillation von Pflanzenalkoholen ein nährstoffreiches Koppelprodukt, die sogenannte Schlempe. Diese kann sowohl als hochwertiges Futtermittel genutzt werden, als auch im Fermenter einer Biogasanlage weiter energetisch erschlossen werden.

Während beim Bioethanol die prozentuale Beimischung des Alkohols allein ausschlaggebendes Merkmal ist, handelt es sich bei dem Produkt Biodiesel nicht um eine reine Beimischung von Pflanzenöl, sondern um ein chemisch verändertes Pflanzenöl. Es wird ein Pflanzenölmethylester hergestellt. Wie bereits erwähnt, dient in Deutschland fast ausschließlich die Rapspflanze zur Herstellung von Biodiesel (vgl. Abb. 3.52).

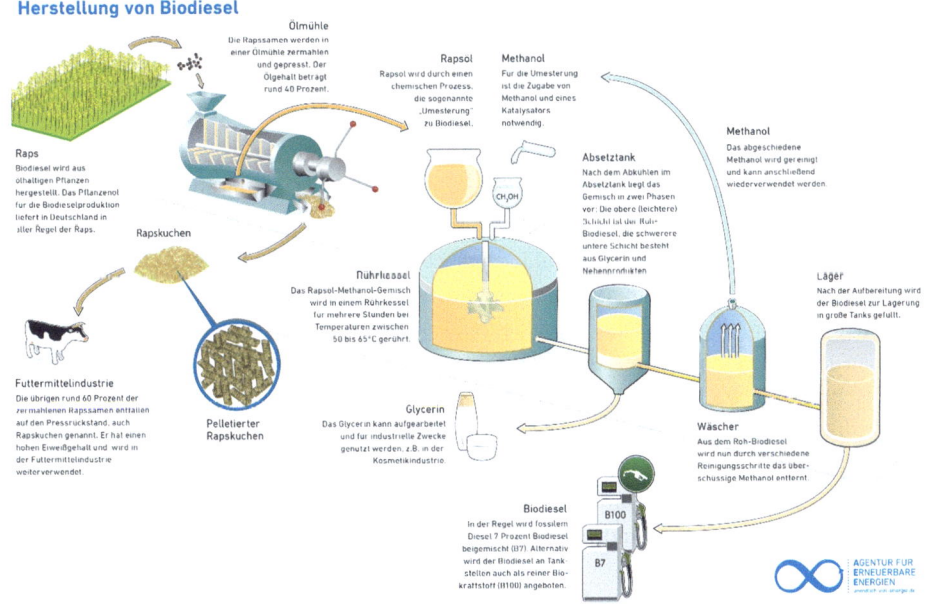

Abb. 3.52 Herstellung von Biodiesel. (Quelle: AEE 2017h)

Reines Pflanzenöl lässt sich mit modernen Dieselfahrzeugen nicht ohne Motoranpassung fahren. Das aus Rapssamen gewonnene Pflanzenöl wird chemisch umstrukturiert zu einem Ester. Dies geschieht durch Zugabe von Methanol, sowie einem Katalysator, bei Temperaturen von 50 °C bis 65 °C. Das Pflanzenöl trennt sich dadurch in zwei Phasen: Roh-Biodiesel und ein Glyceringemisch, welches industriell genutzt werden kann. In einem letzten Schritt muss das Methanol wieder aus dem Roh-Biodiesel entfernt werden. Der Rapsölmethylester kann danach in Reinform als B100 oder eben als Beimischung, B5–B7 (alles fällt unter die Bezeichnung Biodiesel) gefahren werden. Rapsöl und B100 sind seit dem Abbau der Steuervergünstigung für den umweltfreundlichen Kraftstoff (2004 und Folgejahre) nur noch ein Nischenprodukt.

Gasförmige Biomasse hat ebenfalls einen beträchtlichen Anteil im Bereich Mobilität, bzw. könnte ihn anstelle von fossilem Erdgas haben. Biogas kann als Abfallprodukt in Deponien anfallen oder aktiv in Biogasanlagen produziert werden. In beiden Fällen besteht die Möglichkeit das Biogas vor Ort oder zum Einspeisen ins Gasnetz zu nutzen und an beliebiger Stelle wieder zu entnehmen. Technik und Projekte wurden bereits im Abschn. 3.4.3 Erneuerbarer Strom erläutert.

Probleme bei der Nutzung Erneuerbarer Mobilität
Für den Bereich der Biokraftstoffe sind das vor allem die assoziierten Probleme zur Beschaffung von Biomasse, gerade wenn es sich um nachwachsende Rohstoffe und nicht um Reststoffe und Abfallprodukte handelt. Besonders kontrovers diskutiert wird die Nutzung von Palmöl als Kraftstoff, auch in Deutschland, und das obwohl es hier für die Biodieselproduktion keine Rolle spielt. Es spielt deshalb keine Rolle, da es bereits bei niedrigen Temperaturen fest wird und dadurch als Kraftstoff für Mittel- und Nordeuropa ausscheidet. Wie bereits im Kapitel zum Biogas beschrieben, ist der entscheidende Faktor für die Klimabilanz von Biokraftstoffen die Frage der Landnutzungsänderung. Diese stellt sich bei der Nutzung von in den Tropen angebautem Palmöl unausweichlich, sobald hier ökologisch hochwertigere Flächen umgenutzt werden. Neben dem grausamen Verlust an Biodiversität durch Brandrodung kommt der signifikante Verlust von CO_2-Senken[7] hinzu. Obwohl nur ein sehr geringer Teil der Palmölproduktion überhaupt als Kraftstoff genutzt und für Deutschland nur eine sehr untergeordnete Rolle spielt, hat die Bundesregierung 2007 einen ersten Entwurf zu einer Nachhaltigkeitsverordnung für Biokraftstoffe vorgelegt, welcher entscheidend in die EU Nachhaltigkeitskriterien eingeflossen ist. Hiernach müssen Produktion und Verbrauch von Biokraftstoffen effektiv einen Beitrag zur Reduktion von Treibhausgasen leisten, welcher nur möglich wird, wenn keine ökologisch wertvollen Flächen genutzt werden. Damit soll der Anbau von Biomasse für Biokraftstoffe auf diesen Flächen verhindert und die Nutzung von Brachflächen forciert werden. Biokraftstoffe müssen gegenüber fossilen Kraftstoffen über ihre gesamte Produktionskette mindestens 35 % Treibhausgasemissionen (ab 2017: 50 %)

---

[7]Die Möglichkeit CO_2 über Pflanzen und Böden zu binden.

3.5 Entstehung von Mobilität

reduzieren, um auf das EU-Ziel von 10 % Erneuerbarer Energien im Verkehrssektor bis 2020 angerechnet werden zu können (vgl. Abb. 3.53). Neuanlagen, die nach 2017 beginnen Biokraftstoffe zu produzieren, müssen mindestens 60 % weniger Emissionen als fossile Kraftstoffe verursachen. Die deutsche Nachhaltigkeitsverordnung für Biokraftstoffe *(BiokraftNachV)* ist seit November 2009 in Kraft.

Sowohl die EU-, als auch die deutschen Nachhaltigkeitskriterien gelten ausschließlich für den Anbau von Biokraftstoffen. Nahrungs- und Futtermittel-, sowie sonstige Produktion sind nicht betroffen. Dieses wichtige Instrumentarium zum Schutze von Tieren und Umwelt betrifft demnach nur 6 % der Weltgetreideernte (vgl. Abb. 3.54) und fünf Prozent der für den Energiebereich so umstrittenen Palmölproduktion (vgl. Abb. 3.55).

Wie bereits erwähnt spielt für die Biokraftstoffproduktion der Import von Ölen bzw. Getreiden eine eher untergeordnete Rolle, bei den Futtermitteln für unsere Viehbestände verhält sich das jedoch anders. Hier dominiert vor allem das billige Soja aus Nord- und Südamerika. Dabei entstehen bei der Herstellung von heimischen Biokraftstoffen, beispielsweise auf Rapsbasis oder aus Zuckerrüben, wertvolle Futtermittel als Abfallprodukt. Diese könnten helfen, Importe und damit Landnutzungsänderungen sowie lange Transportwege zu sparen, wie in Abb. 3.56 aufgezeigt wird.

Zahlreiche Länder haben Biokraftstoffquoten. In Deutschland greift seit 2017 eine Treibhausgasquote für Biokraftstoffe von 4 %.

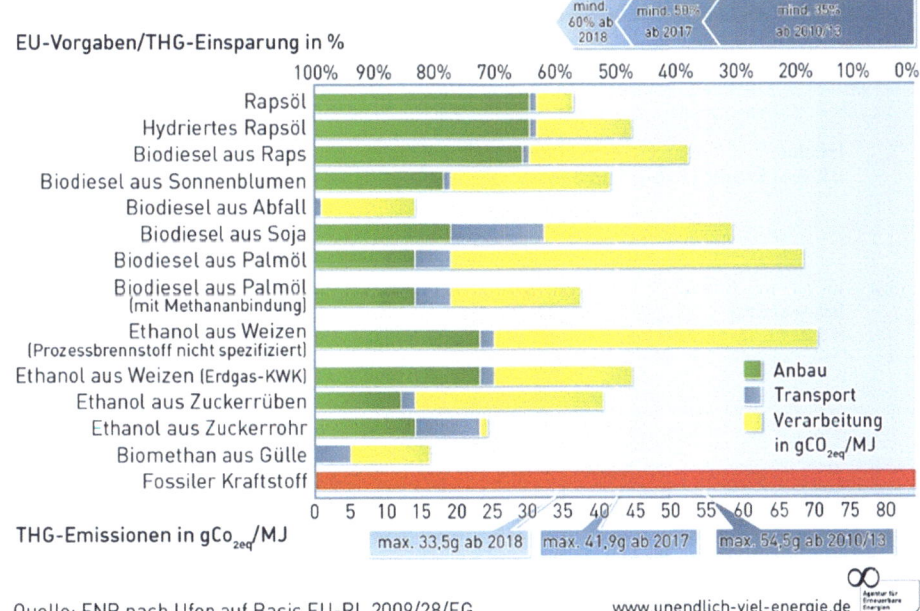

Abb. 3.53 Treibhausgasemissionen Biokraftstoffe. (Quelle: AEE 2017i)

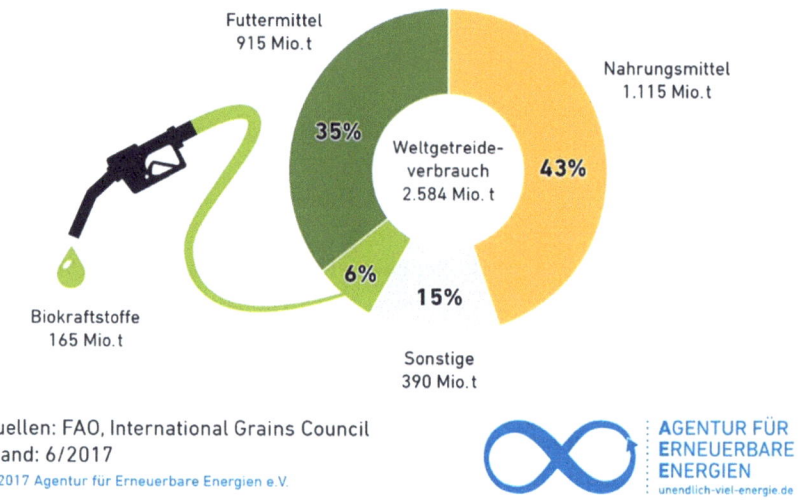

Abb. 3.54 Globaler Weltgetreideverbrauch. (Quelle: AEE 2017j)

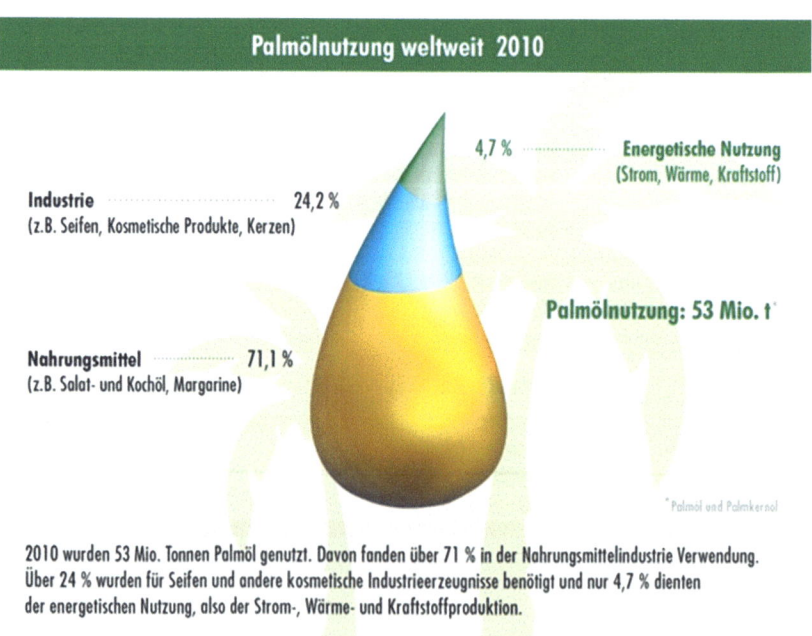

Abb. 3.55 Palmölnutzung weltweit 2010. (Quelle: FNR 2011)

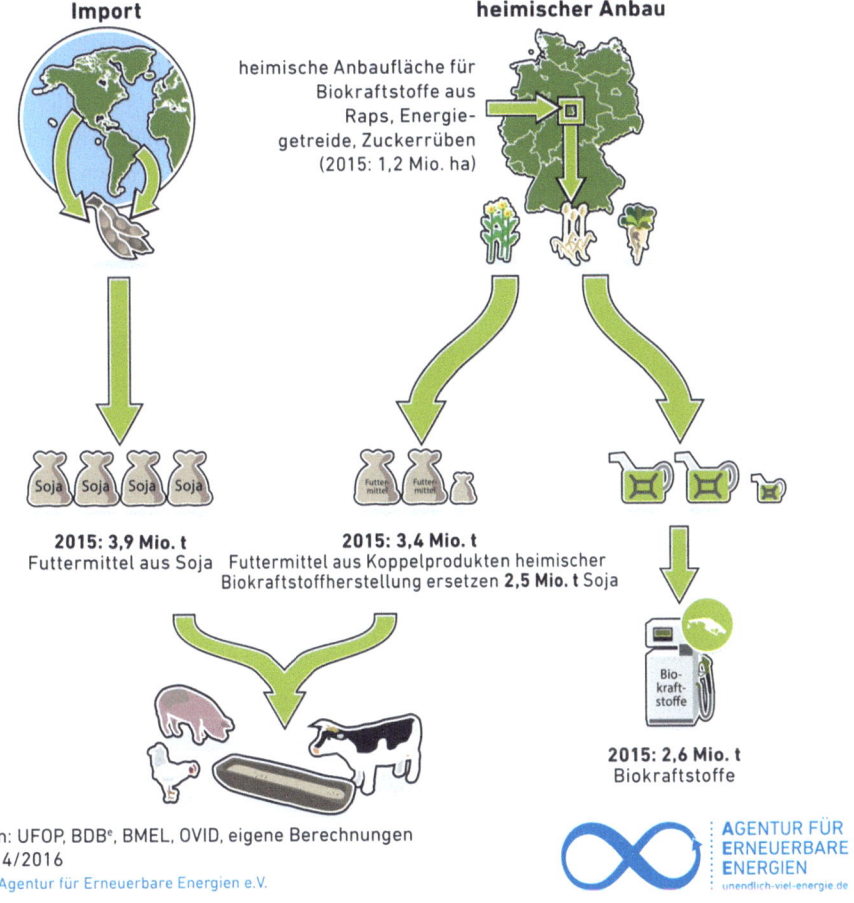

Abb. 3.56 Heimische Biokraftstoffe vermeiden Sojaimporte nach Deutschland. (Quelle AEE 2016d)

3.6 Zusammenfassung

Bei der Umwandlung von Energie fällt für alle drei Bereiche – Strom-Wärme-Mobilität – direkt der zusätzliche Schritt der Aufbereitung der fossilen und nuklearen Energierohstoffe auf. Im Bereich der Erneuerbaren Technologien fällt dieser Schritt bis auf die rohstoffgeführten Biomassenutzungen weg. Während sich die erneuerbaren Anteile im Wärme- und Mobilitätsbereich im niedrigen einstelligen Bereich befinden, sind die Ausbauzahlen im Strombereich mit rund 36 % beträchtlich. Hierbei sind Windkraft und Fotovoltaik die führenden Technologien und ebenso die mit den größten Ausbaupotenzialen. Beide sind allerdings wetterabhängig und damit volatile Quellen, ihre Energie ist also nicht jederzeit verfügbar. Sie passen allerdings, was ihre zeitliche Verfügbarkeit anbelangt sehr gut zusammen, sind doch die Tagesstunden, wie die Sommermonate, eher sonnenlastig, so herrschen gute Windverhältnisse eher nachts und im Winterhalbjahr. Außer Bioenergie und in begrenztem Rahmen die Wasserkraft sind die Erneuerbaren nicht unmittelbar speicherbar. Bestechender Vorteil ist allerdings der geringe Umwelteingriff, vor allem auf das Klima, den Wasserhaushalt, sowie Tiere und Pflanzen. Wie bereits in Kapitel 1 beschrieben, gilt über alle Erneuerbaren hinweg, dass ihre Energiedichte eher gering ist und deshalb mehr Anlagen zur Versorgung benötigt werden, als bei den Konventionellen Energien. Hierfür besteht erheblicher Platzbedarf, was zu Widerständen in der Bevölkerung führt. Da die Entscheidungsprozesse für Erneuerbare Energieprojekte sehr basisdemokratisch sind, werden viele Standorte nicht ausgewiesen bzw. im Nachgang nicht genehmigt. Auch wenn die grundlegenden Rahmenbedingen für den Ausbau auf Bundesebene getroffen werden, etwa über die Definition der Klimaschutzziele für Deutschland, das Erneuerbare-Energien-Gesetz oder Bundesbaugesetz, reicht die Planungsverantwortung bis hinunter in die kleinste Verwaltungseinheit, die Kommune, und geht uns somit alle an. Die Umwandlung von Energie geschieht im Erneuerbaren Bereich ohne Brennstoffimporte, sodass es hier keine Ressourcenabhängigkeit gibt weder genereller Natur, was die Verfügbarkeit, noch wirtschaftlicher, was das Angebot aus möglicherweise Staaten politischer Instabilität oder gar mit totalitären Regimen, betrifft. Die Geschichte der Energieversorgung zeigt zudem, dass Entscheidungen welcher Art die sein soll, meist politisch motiviert sind und sich weniger nach technischen Machbarkeiten bzw. Möglichkeiten richtet.

Literatur

AEE – Agentur für Erneuerbare Energien (2012). Laufwasserkraftwerk Schema. https://www.unendlich-viel-energie.de/media/image/1436.AEE_Technische_Skizze_Wasserkraft_72dpi.jpg. Zugegriffen 12. April 2012.

AEE – Agentur für Erneuerbare Energien (2013a). Durch EE vermiedene Brennstoffkosten. https://www.unendlich-viel-energie.de/media/image/4219.1311_AEE_DurchEEvermKostenBrennstoffimporte_Jul13.jpg. Zugegriffen 12. April 2017.

AEE – Agentur für Erneuerbare Energien (2013b). Alternativen zum Mais. https://www.unendlich-viel-energie.de/media/image/1033.AEE_Biogas_Alternativen_zum_Energiemais_jun13.jpg. Zugegriffen 12. April 2017.

AEE – Agentur für Erneuerbare Energien (2014). Biogasanlagen im Ökolandbau nutzen vor allem Gülle und Mist. https://www.unendlich-viel-energie.de/media/image/4470.AEE_Biogasanlagen_im_Oekolandbau_feb14_72dpi.jpg.

AEE – Agentur für Erneuerbare Energien (2016a). Hydrothermale Geothermie. https://unendlich-viel-energie.de/media/image/6332.Tiefe_Geothermie_Jun16_72dpi.jpg. Zugegriffen 12. April 2017.

Literatur

AEE – Agentur für Erneuerbare Energien (2016b). Oberflächennahe Geothermie. renews spezial nr. 78/ Oktober 2016 Sommerpause für fossile Brennstoffe. Die Wärmewende im eigenen Haushalt. Berlin.

AEE – Agentur für Erneuerbare Energien (2016c). Petrothermale Geothermie. https://www.unendlich-viel-energie.de/media/image/1974.Petrothermale%20Geothermie_72dpi.jpg. Zugegriffen 12. April 2017.

AEE – Agentur für Erneuerbare Energien (2016d). Heimische Biokraftstoffe vermeiden Sojaimporte nach Deutschland. https://www.unendlich-viel-energie.de/media/image/1319.AEE_Heimische_Biokraftstoffe_vermeiden_Sojaimporte_feb15_72dpi.jpg. Zugegriffen 12. April 2017.

AEE – Agentur für Erneuerbare Energien (2017a). Wie werden Holzpellets hergestellt? https://www.unendlich-viel-energie.de/mediathek/grafiken/wie-werden-holzpellets-hergestellt. Zugegriffen 12. April 2017.

AEE – Agentur für Erneuerbare Energien (2017b). Wärme aus Erneuerbaren Energien. https://www.unendlich-viel-energie.de/media/image/22501.AEE_Waerme_aus_Erneuerbaren_Energien_2017_mar18.jpg. Zugegriffen 23. August 2018.

AEE – Agentur für Erneuerbare Energien (2017c). Kombination Holz und Solarstrom.https://www.unendlich-viel-energie.de/media/image/8501.AEE_Holzenergie_Solarthermie_Nov16.jpg.

AEE – Agentur für Erneuerbare Energien (2017d). Technische Skizze Biomasse. https://www.unendlich-viel-energie.de/media/image/2145.AEE_Technische_Skizze_Biomasse.jpg.

AEE – Agentur für Erneuerbare Energien (2017e). Photovoltaikanlage – schematische Darstellung. https://www.unendlich-viel-energie.de/media/image/2221.Technische_Skizze_Photovoltaik.jpg. Zugegriffen 12. April 2017.

AEE – Agentur für Erneuerbare Energien (2017f). Biokraftstoffe und fossiler Kraftstoffverbrauch in Deutschland 2016.https://www.unendlich-viel-energie.de/media/image/23821.AEE_Absatz_fossiler_Kraftstoff_Biokraftstoff_2008_2017_72dpi.jpg.

AEE – Agentur für Erneuerbare Energien (2017g). Herstellung von Ethanol. https://www.unendlich-viel-energie.de/media/image/1322.AEE_Herstellung_von_Bioethanol.jpg. Zugegriffen 12. April 2017.

AEE – Agentur für Erneuerbare Energien (2017h). Herstellung von Biodiesel. https://www.unendlich-viel-energie.de/media/image/1321.AEE_Herstellung_von_Biodiesel_72dpi.jpg. Zugegriffen 12. April 2017.

AEE – Agentur für Erneuerbare Energien (2017i). Treibhausgasemissionen Biokraftstoffe. https://www.unendlich-viel-energie.de/media/image/1397.AEE_Standard-THG-Emissionen_Biokraftstoffe_Mar12.jpg. Zugegriffen 02. Mai 2017.

AEE – Agentur für Erneuerbare Energien (2017j). Prognose des globalen Getreideverbrauchs 2016/17. https://www.unendlich-viel-energie.de/media/image/6288.AEE_Getreide_weltweit_Anteil_Biokraftstoff_Jun16.jpg. Zugegriffen 02. Mai 2017.

AEE – Agentur für Erneuerbare Energien (2018a). Erneuerbare Energien im Verkehrssektor 2017.https://www.unendlich-viel-energie.de/media/image/29261.AEE_EE_im_Verkehrssektor_2017_Mar18_72dpi.jpg.

AEE – Agentur für Erneuerbare Energien (2018b). Vermiedene Treibhausgasemissionen. https://www.unendlich-viel-energie.de/media/image/24531.AEE_Vermiedene_Treibhausgas-Emissionen_2017_Mai18.jpg. Zugegriffen 12. Juli 2018.

AGEB – Arbeitsgemeinschaft Energiebilanzen e.V. (2018a). https://ag-energiebilanzen.de/6-0-Primaerenergieverbrauch.html. Zugegriffen 28. August 2018.

AGEB – Arbeitsgemeinschaft Energiebilanzen e.V. (2018b). https://ag-energiebilanzen.de/9-0-Energieflussbilder.html. Zugegriffen 28. August 2018.

Akkermann, R.; Görner, M. (1998). Windenergie entlastet die Umwelt. BSH-Info-Versand, Mbl. 57. Oldenburg.

BDW – Bundesverband deutscher Wasserkraftwerke e.V. (2018). Genehmigungsverfahren. http://www.wasserkraft-deutschland.de/wasserkraft/genehmigungsverfahren.html. Zugegriffen 02. Mai. 2018.

Bernhardt, C. (2000). Die Rheinkorrektion. –In: Landeszentrale für Politische Bildung 2000: Der Rhein. Band 50,2. Landeszentrale für politische Bildung Baden-Württemberg. Stuttgart.

Betz, A. (1982). Wind-Energie und ihre Ausnutzung durch Windmühlen. Göttingen 1926 – Unveränderter Nachdruck. Grebenstein 1982.

BGR – Bundesanstalt für Geowissenschaften und Rohstoffe (2017). Energiestudie 2017. Daten und Entwicklung der deutschen und globalen Energieversorgung (21). Hannover.

Bieritz, L. (2015). Die Auswirkungen des Klimawandels auf die Energiewirtschaft: Welche Folgen hat die Erwärmung auf die Energieerzeugung und -verteilung? GWS Discussion Paper 2015/7. Osnabrück.

BMJV – Bundesministerium für Justiz und Verbraucherschutz (2017). Bundesberggesetz. http://www.gesetze-im-internet.de/bbergg/index.html#BJNR013100980BJNE004800315. Zugegriffen 12. November 2018.

BMUB – Bundesumweltministerium (2017). Gesetz über das Inverkehrbringen, die Rücknahme und die umweltverträgliche Entsorgung von Elektro- und Elektronikgeräten. http://www.bmub.bund.de/themen/wasser-abfall-boden/abfallwirtschaft/abfallpolitik/elektrog/. Zugegriffen 21. April 2017. Gesetz über das Inverkehrbringen, die Rücknahme und die umweltverträgliche Entsorgung von Elektro- und Elektronikgeräten. Zugegriffen 21. April 2017.

BMWi – Bundeswirtschaftsministerium (2018). Windenergie auf See. https://www.erneuerbare-energien.de/EE/Navigation/DE/Technologien/Windenergie-auf-See/Genehmigung/genehmigung.html. Zugegriffen 23 Juli 2018.

BNetza – Bundesnetzagentur (2017). Photovoltaik – Degression Vergütungssätze. https://www.bundesnetzagentur.de/SharedDocs/Downloads/DE/Sachgebiete/Energie/Unternehmen_Institutionen/ErneuerbareEnergien/Photovoltaik/ArchivDatenMeldgn/DegressionsVergSaetze_10_2014-12_2014.xls?__blob=publicationFile&v=1. Zugegriffen 14. März 2017.

BNetza – Bundesnetzagentur (2018). Kraftwerksliste Bundesnetzagentur (bundesweit; alle Netz- und Umspannebenen) Stand 02.02.2018, DSGVO – bereinigt am 31.07.2018. https://www.bundesnetzagentur.de/DE/Sachgebiete/ElektrizitaetundGas/Unternehmen_Institutionen/Versorgungssicherheit/Erzeugungskapazitaeten/Kraftwerksliste/kraftwerksliste-node.html. Zugegriffen 02. August 2018.

BPB – Bundeszentrale für politische Bildung (2013). Energiequellen und Kraftwerke. http://www.bpb.de/izpb/169476/energiequellen-und-kraftwerke. Zugriffen 08. Juli 2018.

BPB – Bundeszentrale für politische Bildung (2016). Europäische Gemeinschaft für Kohle und Stahl. http://www.bpb.de/nachschlagen/lexika/lexikon-der-wirtschaft/19275/europaeische-gemeinschaft-fuer-kohle-und-stahl. Zugegriffen 09. Juli 2018.

Bundesregierung (2018). Energiewende – Fragen und Antworten. Zugegriffen 12. Juli 2018.

Bundesverband Geothermie (2018). Projektliste tiefe Geothermie. http://www.geothermie.de/fileadmin/useruploads/wissenswelt/Projekte/Projektliste_Tiefe_Geothermie_2018.pdf. Zugegriffen 13. Juli 2018.

BWE – Bundesverband Windenergie e.V. (2015a). Windkraft vor Ort. https://www.wind-energie.de/fileadmin/redaktion/dokumente/publikationen-oeffentlich/themen/01-mensch-und-umwelt/01-windkraft-vor-ort/bwe_abisz_3-2015_72dpi_final.pdf Seite 53. Zugegriffen 12. April17.

BWE – Bundesverband Windenergie e.V. (2015b). Windkraft vor Ort. https://www.wind-energie.de/fileadmin/redaktion/dokumente/publikationen-oeffentlich/themen/01-mensch-und-umwelt/01-windkraft-vor-ort/bwe_abisz_3-2015_72dpi_final.pdf Seite 52. Zugegriffen 12. April 17.

Literatur

BWE – Bundesverband Windenergie e.V. (2017). BWE Infografik Leistungssteigerung der Windenergie. https://www.wind-energie.de/sites/default/files/download/publication/leistungssteigerung-der-windenergie/infografik_-_leistungssteigerung_der_windenergie_-_20160608.pdf. Zugegriffen 22. April 2017.

BWP – Bundesverband Wärmepumpen e.V. (2018a). Wärmepumpe mit Erdwärmekollektoren. https://www.waermepumpe.de/presse/mediengalerie/grafiken/. Zugegriffen 13. Juli 2018.

BWP – Bundesverband Wärmepumpen e.V. (2018b). Wärmepumpe mit Erdwärmesonden. https://www.waermepumpe.de/presse/mediengalerie/grafiken/. Zugegriffen 13. Juli 2018.

C.A.R.M.E.N – Centrales Agrar-Rohstoff Marketing- und Energie-Netzwerk e.V. (2018a) Biomasseheizkraftwerke. https://www.carmen-ev.de/biogene-festbrennstoffe/biomasseheizkraftwerke. Zugegriffen 12. April 2018.

C.A.R.M.E.N – Centrales Agrar-Rohstoff Marketing- und Energie-Netzwerk e.V. (2018b). Biogas. https://www.carmen-ev.de/biogas/allgemein. Zugegriffen 12. April 2018.

ENBW (2018). Rheinkraftwerk Iffezheim. https://www.enbw.com/unternehmen/konzern/energieerzeugung/neubau-und-projekte/rheinkraftwerk-iffezheim/faq-downloads.html. Zugegriffen 12. April 2018.

Fachagentur Wind an Land (2015). Analyse: Dauer und Kosten des Planungs- und Genehmigungsprozesses von Windenergieanlagen an Land. Berlin.

FirstMedia AG St. Gallen (2018): Speicherwasserkraftwerk Schema. Im Auftrag der Gemeinde Grabs/Energiepfad Grabs. Abbildung First Media AG, www.energiepfad.ch.

FNR – Fachagentur Nachwachsende Rohstoffe e. V. (2011). Palmölnutzung weltweit 2010. https://mediathek.fnr.de/palmoelnutzung-weltweit-2010.html. Zugegriffen 12. November 2018.

FNR – Fachagentur Nachwachsende Rohstoffe e. V. (2013). Schema einer landwirtschaftlichen Biogasanlage. https://mediathek.fnr.de/grafiken/pressegrafiken/schema-einer-landwirtschaftlichen-biogasanlage.html.

FNR – Fachagentur Nachwachsende Rohstoffe e. V. (2014). Dachleitfaden Bioenergie – Grundlagen und Planung vom Bioenergieprojekten. Gülzow-Prützen.

FNR – Fachagentur Nachwachsende Rohstoffe e. V. (2017). Maisanbau Deutschland 2017. https://mediathek.fnr.de/grafiken/daten-und-fakten/bioenergie/biogas/maisanbau-in-deutschland.html. Zugegriffen 12. November 2018.

FvB – Fachverband Biogas e.V. (2018). Branchenzahlen 2017. https://www.biogas.org/edcom/webfvb.nsf/id/DE_Branchenzahlen/$file/18-05-25_Biogas_Branchenzahlen-2017_Prognose-2018_end.pdf. Zugegriffen 17. Juli 2018.

Hassanzada, T. (2011). Marktübersicht Elektroautos: Technologische Herausforderung im Elektroautomarkt-Segment. Diplomica Verlag. Hamburg.

Heymann, M. (1995). Die Geschichte der Windenergienutzung: 1890 – 1990. New York, Frankfurt/Main

Hook, S (2008). Landschaftsveränderungen im südlichen Oberrheingebiet und Schwarzwald: Wahrnehmung kulturtechnischer Maßnahmen seit Beginn des 19. Jahrhunderts. VDM Verlag Dr. Müller. Dudweiler.

Hook, S. (2018). Von internationalen Klimaabkommen bis zum deutschen Erneuerbaren-Energien-Gesetz – In Kühne und Weber [Hrsg.]. Bausteine der Energiewende: 21–54. Springer VS. Wiesbaden.

Janzing, B. (2002). Baden unter Strom: eine Regionalgeschichte der Elektrizifierung; von der Wasserkraft ins Solarzeitalter. Vöhrenbach.

Jarass, H. D. (2002). Bundes-Immissionsschutzgesetz: [BImSchG]; Kommentar unter Berücksichtigung der Bundes-Immissionsschutzverordnungen und der TA Luft sowie der TA Lärm. 5., vollst. überarb. Aufl.. München.

juris (2018). Gesetze im Internet – BImSchG., Zugegriffen 23. Juli 2018.

juwi (2012a). Einfluss von Windgeschwindigkeit, Rotor, Nabenhöhe, Effizienz (Aerodynamik) und Nennleistung bei Volllast auf den Ertrag bei zwei ENERCON Anlagen. – unveröffentlicht.

juwi (2012b). Einschränkungen durch Planungsrestriktionen an einem Beispiel in Rheinland-Pfalz. – unveröffentlicht.

MVW (2003). Broschüre Mineralöl und Raffinerien. https://www.mwv.de/wp-content/uploads/2016/07/mwv-publikationen-broschuere-Mineraloel-und-Raffinerien-2003.pdf. Zugegriffen 12. November 2018.

Norzel, W. und Weßling, H. (1991). Ostfriesisches Mühlenbuch. Hrsg. von der Niedersächsischen Sparkassenstiftung. Hannover.

Notebaart, J.C. (1972). Windmühlen- der Stand der Forschung über das Vorkommen und den Ursprung. Mouton. Den Haag.

Oelker, J. [Hrsg.] (2005). Windgesichter. Aufbruch der Windenergie in Deutschland. Dresden.

Paschotta, R. (2018). Artikel ‚Dampfmaschine' im RP-Energie-Lexikon. https://www.energie-lexikon.info/dampfmaschine.html. Zugegriffen 09. September 2018.

REWAG – Regensburger Energie- und Wasserversorgung AG & Co KG (2018): BHKW Motor. https://www.rewag.de/energieerzeugung/loesungen-und-angebote/blockheizkraftwerk.html. Zugegriffen 12. Januar 2019.

RWE (2018). Funktionsweise Braunkohlekraftwerk. Zugegriffen 10. Juli 2018.

SFV e.V. – Solarenergie Förderverein Deutschland (2017). Betreiberthemen. http://www.sfv.de/service.htm. Zugegriffen 13. Oktober 2017.

Siemens (2007). Pressespecial 160 Jahre Siemens. Zugegriffen 08. Juli 2018.

Singh, M. (1998). Das Zeitalter der Sonne: Die Energien der Zukunft. München. Zugegriffen 19. April 2018

Solaranlagen-Portal (2018). Die Geschichte der Photovoltaik. https://www.solaranlagen-portal.de/photovoltaik-technik/photovoltaik-energie.html. Zugegriffen 19. April 2018.

SOW – Stiftung Offshore Windenergie (2018). https://www.offshore-stiftung.de/sites/offshore-link.de/files/mediaimages/Fundamentarten%20von%20Offshore-Windenergieanlagen.jpg. Zugegriffen 23. Juli 2018.

UBA – Umweltbundesamt (2014). Bei der Geothermie spricht man eher von hydraulischer Stimulation, nicht von Fracking. Warum?. https://www.umweltbundesamt.de/service/uba-fragen/bei-der-geothermie-spricht-man-eher-von. Zugegriffen: 12. April 2017.

UBA – Umweltbundesamt (2015a). Gemeinsame Pressemitteilung von Umweltbundesamt und Bundesanstalt für Geowissenschaften und Rohstoffe. Tiefe Geothermie: Umweltrisiken beherrschbar https://www.umweltbundesamt.de/presse/pressemitteilungen/tiefe-geothermie-umweltrisiken-beherrschbar. Zugegriffen: 17. Juli 2018.

UBA – Umweltbundesamt (2015b). Nutzung von Flüssen. https://www.umweltbundesamt.de/themen/wasser/fluesse/nutzung-belastungen/nutzung-von-fluessen-wasserkraft#textpart-1. Zugegriffen: 12. August 2018.

UBA – Umweltbundesamt (2018). Zellstoff- und Papierindustrie. https://www.umweltbundesamt.de/themen/wirtschaft-konsum/industriebranchen/holz-zellstoff-papierindustrie/zellstoff-papier-industrie#textpart-1. Zugegriffen: 09. Juli 2018.

Verteilung von Energie 4

Die Verteilung von Energie erfolgt hauptsächlich über nach Energiebereichen getrennte Systeme (vgl. Abb. 4.1), meist in Form von Netzen. Für den Bereich Strom wird bisher ausschließlich das Stromnetz benutzt. Im Bereich Wärme ist es vordringlich das Gasnetz, gefolgt von dezentraler logistischer Verteilung über Brennstofftransporte – hauptsächlich Heizöl – und unterschiedlichen lokal begrenzten Fern- und Nahwärmenetzen. Kraftstoffe werden in der Regel für die EndverbraucherInnen über ein Logistiknetz von Binnenschiffen, Lasttransporten auf der Straße und Schiene zu den jeweiligen Bezugsstellen (in der Regel Tankstellen) transportiert, ein eher geringer Teil über Mineralölfernleitungen (Pipelines).

Erste Ansätze aus dem Bereich der regenerativen Energiewirtschaft die Netze der Energiebereiche untereinander zu verbinden, wird über die sogenannte Sektorenkopplung praktiziert (vgl. Abschn. 4.1.8 Sektorenkopplung).

4.1 Stromnetz

Das Stromnetz ist das am weitesten ausgebaute Netz zur Energieverteilung, sowie das komplexeste. Es gibt in Deutschland annähernd keine Region, die nicht über Zugang zum Stromnetz verfügt und das seit Beginn des 20. Jahrhunderts (vgl. Janzing 2002). Die Stromproduktion wurde mit Ausbau des Netzes zunehmend zentral organisiert und durch ein Monopol (Strommonopol) geschützt, welches NutzerInnen an einen einzigen Anbieter band. Der Anschluss selbst abgelegener ländlicher Bereiche an das Stromnetz bewegte viele dezentrale BetreiberInnen, ihre Anlagen aufzugeben. Für eine Einspeisung in das öffentliche Netz waren z. B. die damals vielfach verwendeten Windmotoren nicht geeignet. Die Erschließung Deutschlands mit dem Stromnetz brachte auch eine Umstellung von Gleich- auf Wechselstrom mit sich, eine Anpassung der Geräte und Einrichtungen dahin gehend lief innerhalb weniger Jahre ab, und machte verbleibende Gleichstromgeneratoren schnell obsolet (vgl. Heymann 1995).

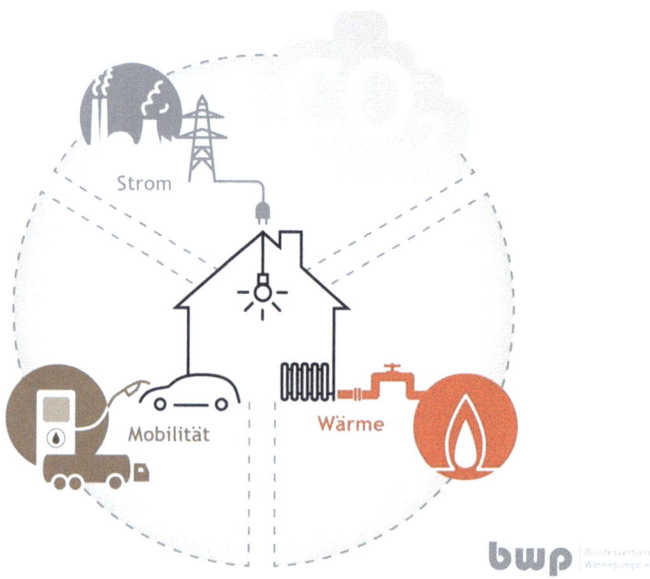

Abb. 4.1 Trennung der Energiebereiche. (Quelle: Bundesverband Wärmepumpen 2018a)

4.1.1 Spannungsebenen

Das Stromnetz ist prinzipiell in zwei Bereiche unterteilt: Übertragungs- und Verteilnetz, mit den zugehörigen Spannungsebenen. Höchst- und Hochspannungsebene sind zuständig für den überregionalen Transport des Stroms und werden deshalb auch Übertragungsnetz genannt. Da die Spannung vereinfacht ausgedrückt die Kraft ist, die den Strom durchs Netz treibt, sind für Höchstspannung und Hochspannung entsprechend hohe Spannungszahlen in Volt (V) bzw. Kilovolt (kV) assoziiert, nämlich 380 kV bzw. 220 kV–110 kV. Von der Mittel- und Niederspannungsebene werden Gewerbe und Haushalte mit geringerem Transportbedarf versorgt. Analog benötigen sie weniger hohe Spannung, von 20 kV bzw. 400 V. Sie bilden das Verteilnetz ab. Dieses speist sich aus dem Übertragungsnetz, welches in sogenannten Umspannwerken den Strom auf die niedrigeren Netzebenen transformiert. Während das Übertragungsnetz ganz klar zwischen vier Betreibern aufgeteilt ist, ist das Verteilnetz sehr kleinteilig strukturiert (Abb. 4.2).

Das Verteilnetz hat mit 1,6 Mio. km einen Anteil von 98 % an der Gesamtlänge des deutschen Stromnetzes. Auf das Übertragungsnetz fallen aktuell rund 35.000 km (Diekmann et al. 2016, S. 24). Betrachtet man die Spannungsebenen (vgl. Abb. 4.3) differenzierter lassen sie sich auch unterschiedlichen Erzeuger- und VerbraucherInnen zuordnen.

4.1 Stromnetz

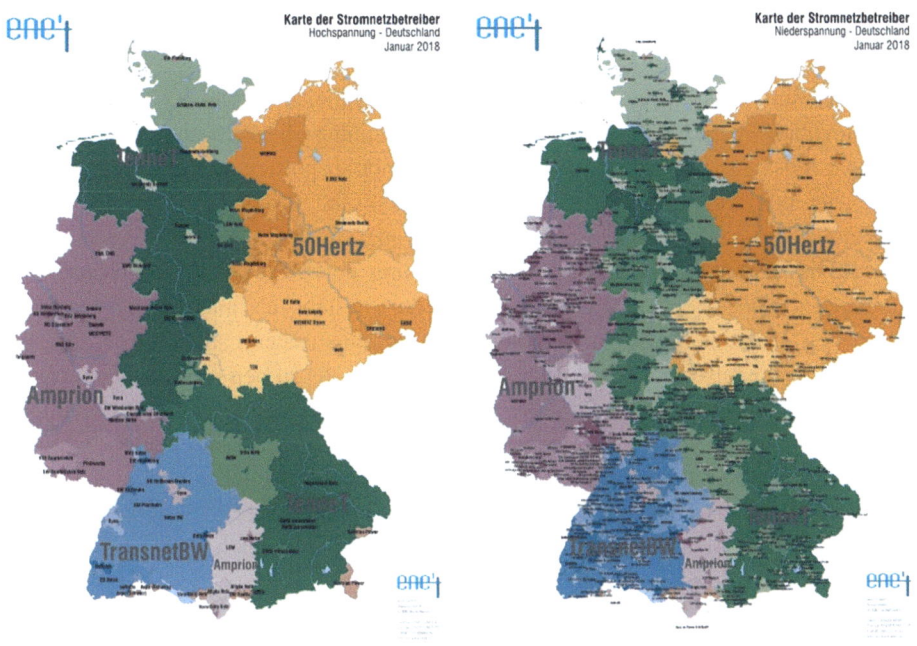

Abb. 4.2 Übertragungs- und VerteilnetzbetreiberInnen. (Quelle: ene't GmbH 2018)

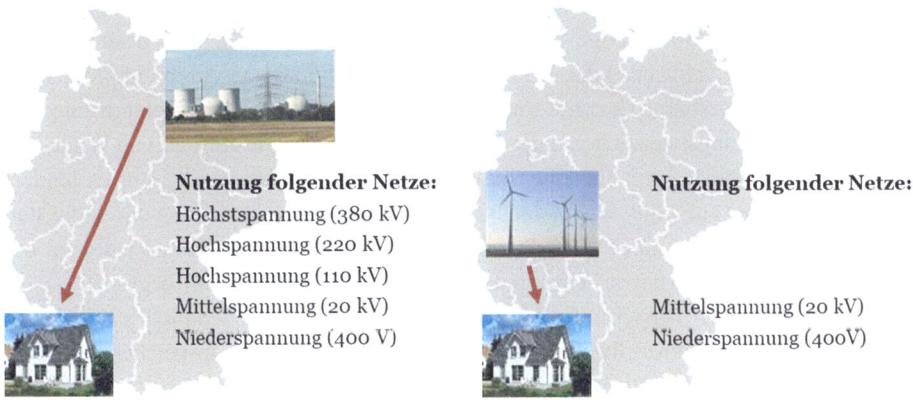

Abb. 4.3 Unterschiedliche Spannungsebenen im deutschen Stromnetz. (Quelle: juwi 2011)

4.1.2 Zentral versus Dezentral

Bisher ist die Stromversorgung nach wie vor stark zentralistisch organisiert: wenige große Kraftwerke versorgen von zentralen Punkten aus, über sämtliche Netzebenen, das gesamte Land. Dabei wird nach dem Gießkannenprinzip der Strom in eine Richtung, nämlich von der oberen Spannungsebene auf die unteren verteilt. Der Ausbau der Erneuerbaren Energien folgt allerdings diesem zentralistischen Ansatz in der Regel nicht. Hier sind es kleine und kleinste Erzeugungseinheiten – wie etwa eine 4 kWp Dachfotovoltaikanlage, welche in die unterste Spannungsebene Strom einspeist. Dieser Strom muss nach oben und nicht nach unten, abtransportiert werden. Das bedeutet eine gravierende strukturelle Veränderung für das deutsche Stromnetz, welches von einer Einbahnstraße zur minimal zweispurigen Durchgangsstraße (in beide Fahrtrichtungen) werden muss. Zusätzlich schwankt die Einspeisung durch die volatilen Erneuerbaren naturgegeben, sodass ein höherer Ausgleichsbedarf besteht, als man ihn aus der konventionellen – zentralen – Versorgung kennt. Im zentralistischen Paradigma konnten die produzierenden Kraftwerke relativ gleich produzieren, was zu den schwer regulierbaren Kohle- und Atomkraftwerken sehr gut gepasst hat. Unvermeidliche Spitzen werden über Gas- und Ölkraftwerke sowie Pumpspeicher abgefangen. Begrifflichkeiten wie ‚Grundlast' und ‚Spitzenlast' wurden, entgegen allgemeiner Auffassung, nicht von der Nachfrage definiert, sondern vielmehr vom unflexiblen Angebot. Abb. 4.13. verdeutlicht die Zuordnung dieser sogenannten ‚Lastbänder' zu den unterschiedlichen Flexibilitäten der produzierenden konventionellen Kraftwerke.

Kurzfristige Nachfragespitzen werden also über flexible Kraftwerke bereitgestellt (vgl. Abb. 4.4), Überkapazitäten der weniger flexiblen Kraftwerke – wie beispielsweise in der Nacht, an Wochenenden und Feiertagen – werden über die bestehenden Pumpspeicherkraftwerke aufgefangen. Der Ausbau der Erneuerbaren Energien und die daraus resultierende schwankende Erzeugung, sorgen für einen größeren Regelungsbedarf.

Allerdings ist die notwendige Systemanpassung nicht so groß, wie meist politisch diskutiert wird. Die schwankende Erzeugung lässt sich zum einen durch eine Mischung verschiedener erneuerbarer Energieformen, aber auch durch eine deutschlandweite Verteilung der Erzeugungskapazitäten auffangen. Allein der parallele Ausbau von Wind- und Fotovoltaikkapazitäten, sorgt für eine Tag-/Nachtgleiche – denn nachts gibt es tendenziell mehr Wind als am Tage, sowie eine bessere jahreszeitliche Verteilung durch die starken Sonnenmonate im Sommer – und die kräftigen Windmonate im Winterhalbjahr. Die frei verfügbaren Erneuerbaren Wind und Sonne, werden ergänzt vom begrenzten, aber stetigen Potenzial der Wasserkraftwerke, sowie flankiert und letztendlich ausgeglichen durch das zunächst rohstoffbasierte Biogas. Speicher- und Pumpspeicherkraftwerke sollten nicht mehr die stetige Produktion konventioneller Kraftwerke ausgleichen – welche sich schlecht an der Nachfrage ausrichten lassen – sondern die schwankende Erzeugung der freien Erneuerbaren ausgleichen. Hinzu kommt das europäische Verbundnetz, welches ebenfalls Potenziale aus den Nachbarländern zur Verfügung stellt.

Im Zentrum eines Erneuerbaren Stromsystems stehen Wind und Fotovoltaik (vgl. Abb. 4.14) als die großen LeistungsträgerInnen, Schwankungen werden über die deutschlandweite Verteilung sowie Gastechnologie und Wasserkraftwerke aufgefangen. Darüber hinaus gibt es andere Ausgleichs- bzw. Speichermöglichkeiten, um ein Netzsystem auf Grundlage erneuerbarer Energien, stabil zu halten, wie die nächsten Kapitel zeigen werden.

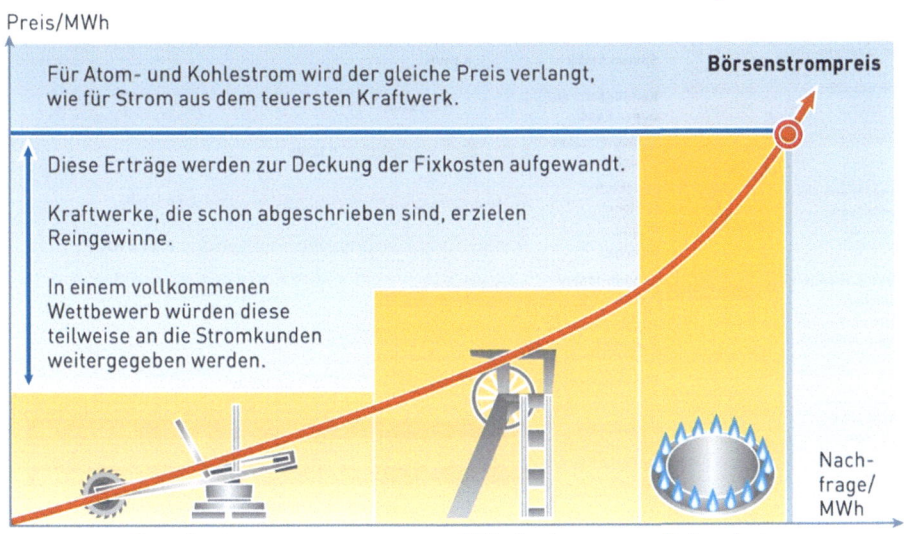

Abb. 4.4 Kraftwerksreihung an der deutschen Strombörse nach Merit Order – ohne Erneuerbare Energien. (Quelle: AEE 2012)

4.1.3 Speicher

Während wie im vorausgehenden Abschnitt bereits dargestellt, die bestehenden Energiespeicher für das zentral organisierte Stromsystem mit konventionellen Kraftwerken ausreichen, bedarf es im dezentralen erneuerbaren System weiterer Speichermöglichkeiten um die Harmonisierung von Angebot und Nachfrage zu ermöglichen. Der Begriff ‚Speicher' ist in diesem Zusammenhang etwas irreführend, da er sowohl den Speicherbehälter (wie z. B. eine Gaskaverne) adressiert, als auch das Speichermedium (z. B. Wasserstoff). Bei stofflichen Speichern, wie etwa der Biomasse, sind Speicherbehälter und Speichermedium zudem ein und dasselbe, während etwa andere Energieformen (z. B. Strom) ein zusätzliches stoffliches Speichermedium benötigen. Für die Funktion und Anwendung der Speicher im Energiesystem ist wichtig, dass sie „eine Energiemenge kontrolliert aufnehmen (Beladung), sie über einen im Kontext relevanten Zeitraum in einem Speichermedium zurückhalten (Speicherung) und in einem gewünschten Zeitraum wieder kontrolliert abgeben kann (Entladung)" (wiley online library 2018). Gerade für das Stromnetz ist die Harmonisierung von Angebot und Nachfrage essenziell, da beide Seiten zu jeder Zeit deckungsgleich sein müssen. Vereinfacht ausgedrückt bedeutet es, dass immer so viel produziert werden muss, wie gerade nachgefragt wird. In Zeiten ohne Wind und Sonne, müssen entsprechend die speicherbare Bioenergie sowie andere Speichermedien zum Einsatz

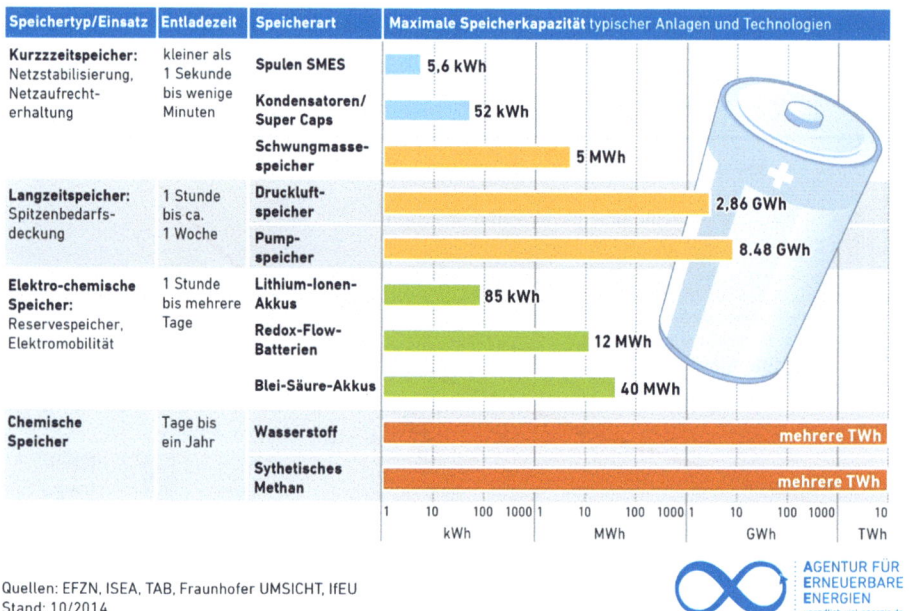

Abb. 4.5 Kapazitäten verschiedener Stromspeicher. (Quelle AEE 2014)

kommen. Unterschiedliche Speichermethoden verfügen nicht nur über unterschiedliche Kapazitäten (vgl. Abb. 4.5), sondern auch ‚Haltbarkeitsdaten'.

Bereits heute stehen große Batteriespeicher für eine sehr kurzfristige Leistungsaufnahme und -abgabe bereit. Für eine Nachfrage(last-)verschiebung bzw. längerfristige Speicherung von Erneuerbarem Energiestrom, eignet sich vor allem die Umwandlung von Strom zu Gas (Power2Gas) und damit die Nutzung des deutschlandweiten Gasnetzes mit seiner sehr großen Kapazität. Die Anwendung dieser Techniken sorgt für die notwendige Harmonisierung von Angebot und Nachfrage. Gerade die Power2Gas Technologien können, wie in Abb. 4.6 nochmals vereinfacht dargestellt, zu einer Verlagerung der Einspeisespitzen in Richtung Nachfrage dienen.

4.1.4 Power2Gas

Das Power2Gas Verfahren startet mit dem einfachen Prinzip der Elektrolyse (Abb. 4.7): das Trennen von Wasser in seine elementaren Bestandteile Wasserstoff und Sauerstoff mittels elektrischen Stroms.

Während Sauerstoff energetisch wenig Wert besitzt, verfügt bereits Wasserstoff über sehr großes Energiepotenzial, welches sich hauptsächlich über Verbrennung erschließt.

4.1 Stromnetz

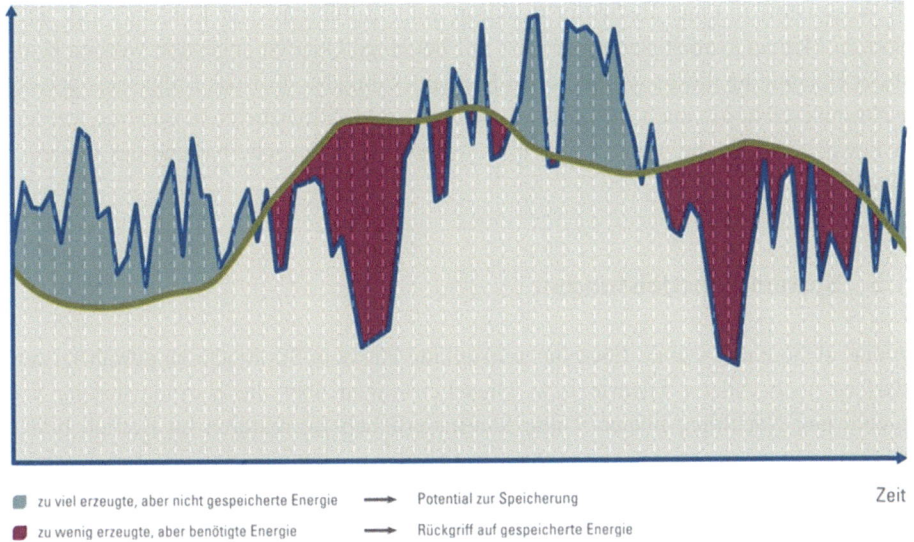

Abb. 4.6 Verschiebung Einspeise- zu Nachfragespitzen durch Power2Gas Technologie. (Quelle: juwi 2012)

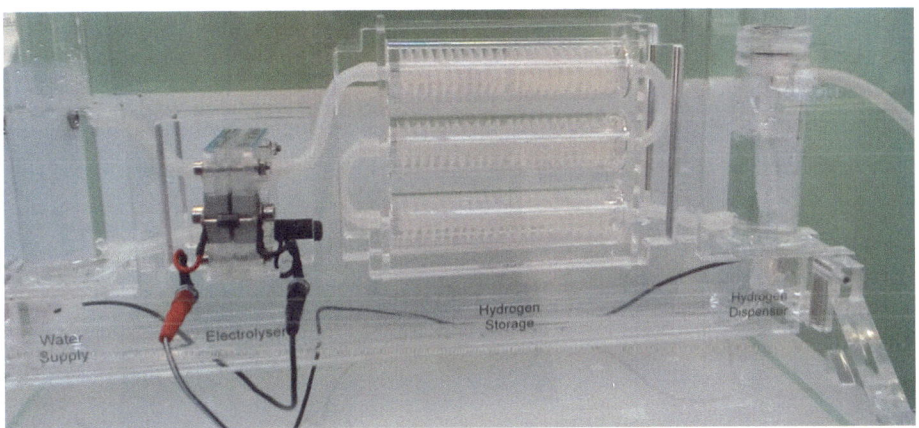

Abb. 4.7 Versuchsaufbau Elektrolyse

Er lässt sich zudem mittels einer Brennstoffzelle (Umkehrung der Elektrolyse) zusammen mit Sauerstoff auch wieder zu Strom synthetisieren, wie es bisher vor allem im Bereich der Mobilität Anwendung findet. Wasserstoff kann auch zu einem gewissen Prozentsatz den unterschiedlichen Gasqualitäten des Gasnetzes (vgl. Abschn. 4.2 Erdgasnetz) zugefügt werden. Wegen des geringeren Brennwertes und abweichender

Dichteverhältnisse ist der Zugang zum Gasnetz (-Speicher) beschränkt. Allerdings lässt sich Wasserstoff in einer Reduktionsreaktion unter Zuführung von Kohlendioxid, auch weiter zu Methan synthetisieren, welches auf beliebige Qualität angepasst werden kann. Mit der Herstellung dieses synthetischen Methans kann also über das Erdgasnetz sowohl der Strombereich, als auch der Wärme- sowie der Mobilitätsbereich versorgt werden. Das Power2Gas Verfahren macht also insbesondere Strom speicherbar und das in bereits vorhandener Infrastruktur!

4.1.5 Systemdienstleistungen

Um eine sichere und stabile Energiebereitstellung aus dem Stromnetz zu gewährleisten, bedarf es noch anderer Dienste bzw. Dienstleistungen über die Harmonisierung von Angebot und Nachfrage hinaus. Diese kontinuierlichen Korrekturen im Betrieb bilden den Formenkreis der sogenannten Systemdienstleistungen ab. Sie erfüllen Funktionen des Überwachens, Ausbalancierens und Reparierens der Energieinfrastruktur. Bei Systemdienstleistungen unterscheidet man in solche zur *Betriebsführung, Frequenzhaltung, Spannungshaltung* und des *Versorgungswiederaufbaus*. Die vielzitierte Harmonisierung wird maßgeblich durch Produkte und Prozesse der Betriebsführung ermöglicht. Hierzu zählen vor allem das *Einspeise-* sowie das *Netzengpassmanagement oder Redispatch,* z. B. durch die Fernsteuerung von Anlagen (Abb. 4.8). Für die Frequenzhaltung ist es in der Hauptsache *Regelleistung.* Regelleistung wird mittels sehr schnell zuschaltbarer Lasten erbracht und kann entweder Negativ als Lastabnahme oder positiv als Lasteinspeisung erfolgen. Anforderungen an Primärregelleistung ist bespielweise, dass sie innerhalb von 30 Sekunden für 15 Minuten zur Verfügung stehen können muss, Sekundärregelleistung nur für 5 Minuten. Hinzu kommt zur Regelung die sogenannte

Abb. 4.8 Umrüstung von Solarstromanlagen zur Wahrung der Netzstabilität. (Quelle: AEE 2018, verändert)

Abb. 4.9 Scheinleistung, Wirkleistung und Bildleistung

Momentanreserve. Momentanreserve bezeichnet die Kapazität, welche durch Aufnahme bzw. Abgabe von Bewegungsenergie, die bisher systemimmanent aus den rotierenden Massen der konventionellen Kraftwerke kommt, bereitgestellt wird. Mithilfe dieser Massen wird Frequenzveränderungen in einem ersten Schritt entgegengewirkt, noch bevor Primär- und Sekundärleistung zum Einsatz kommen.

Fast ebenso notwendig wie die Einhaltung der Frequenz, ist die der Spannungskorridore in den jeweiligen Netzspannungsebenen, da es ansonsten zu einer sehr schnellen Zerstörung angeschlossener Geräte kommt. Das wichtigste Regelungsprodukt ist hier die Einspeisung von *Blindleistung*. Blindleistung bildet den Teil der übertragenen Energie, welcher zur Wirkleistung – also der tatsächlich bei der EndverbraucherIn nutzbaren Leistung – hinzukommt. Zusammen bilden sie, wie in Abb. 4.9 dargestellt, die sogenannte Scheinleistung, vergleichbar mit Schaum und tatsächlich trinkbarem Inhalt eines Bierglases – einer ohne den anderen nicht denkbar!

Die Einspeisung von Blindleitung ins Stromnetz führt zur Synchronisierung von Spannung und Stromstärke und somit einer konstanten Leistungsübertragung (Abb. 4.10).

Der letzte Teilbereich der Systemdienstleistungen ist der Versorgungswiederaufbau. Sollte das Stromnetz einmal ausfallen, bedarf es eines geordneten Wiederaufbaus von den unteren Netzebenen aus. Hierbei werden vorrangig Kraftwerke benötigt die *schwarzstartfähig* sind, also solche die ohne anfänglichen Strombezug aus dem Netz starten können. Im Anschluss können Zug um Zug Gruppen von VerbraucherInnen wieder aktiviert und weitere Kraftwerke mit dem Netz synchronisiert werden. Besonders geeignet

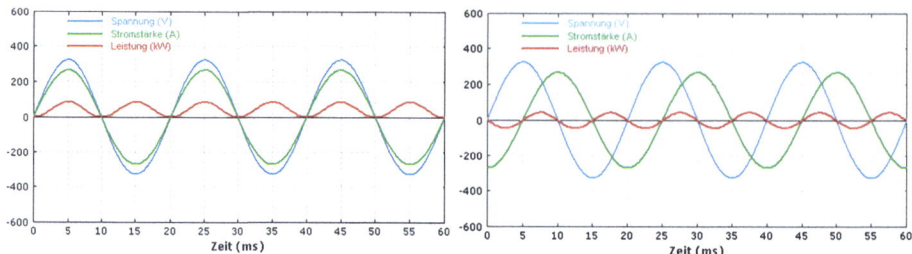

Abb. 4.10 Zusammenspiel Stromstärke, Spannung und Leistungsübertragung. (Quelle: Paschotta 2018)

sind hier Wasserkraftwerke und Gasturbienen, aber auch erneuerbare Energiekraftwerke besitzen diese Fähigkeit im Gegensatz zu den konventionellen Wärmekraftwerken Kohle und Kernkraft.

Die Beschaffung der Systemdienstleistungen liegt größtenteils bei den Übertragungsnetz- und nur zu einem geringen Teil bei den VerteilnetzbetreiberInnen. Sie kaufen dafür bei Kraftwerken oder auch andere technischen Anlagen die unterschiedlichen Systemdienstleistungen ein. Die entstehenden Kosten werden den VerbraucherInnen über die Netznutzungsentgelte belastet. Bisher werden für die Bereitstellung nahezu aller Systemdienstleistungen, in der Regel konventionelle Kraftwerke, Pumpspeicherkraftwerke, Netzbetriebsmittel wie Transformatoren und Blindleistungskompensationsanlagen genutzt. Allerdings erfüllen auch Wind-, Solar- und Biogasanlagen zahlreiche technische Voraussetzungen um Systemdienstleistungen zu erbringen. Für neue Windenergieanlagen ist die Systemdienstleistungsbereitstellung seit der Novellierung des Erneuerbare-Energien-Gesetzes 2009 verpflichtend, für Fotovoltaikanlagen seit 2014. Sie müssen beispielsweise in der Lage sein, ihre Wirkleistung innerhalb von einer Minute zu reduzieren. Einen Beweis für die Praxis Tauglichkeit dieser Anwendungen lieferte, ebenfalls 2009, das Forschungsinstitut Fraunhofer IWES mit seinem Projekt regeneratives Kombikraftwerk. Hierbei handelt es sich nicht um ein übliches Großkraftwerk, sondern um den Zusammenschluss von vielen kleinen dezentralen Kraftwerken. Es verknüpft und steuert insgesamt 36 über ganz Deutschland verteilte Wind-, Solar-, Biomasse- und Wasserkraftanlagen. Diesem ‚Kraftwerk' gelang es im Realversuch ebenso zuverlässig, leistungsstark und bedarfsgerecht Strom zu liefern wie einem herkömmlichen Großkraftwerk. Das regenerative Kombikraftwerk demonstrierte, wie durch die gemeinsame Regelung kleiner und dezentraler Anlagen eine sichere Versorgung gewährleistet werden kann. Es umfasst zudem die Bereitstellung der notwendigen Systemdienstleistungen, welche wie bereits beschrieben, bisher hauptsächlich von Großkraftwerken zur Verfügung gestellt werden.

Allerdings ist die bisherige Netzinfrastruktur an vielen Stellen noch nicht auf diese veränderten Einspeisebedingungen – durch viele kleine Anlagen anstatt durch wenige große – ausgelegt und bedarf der Anpassung. Hinzu kommt, dass das Stromnetz in

4.1 Stromnetz

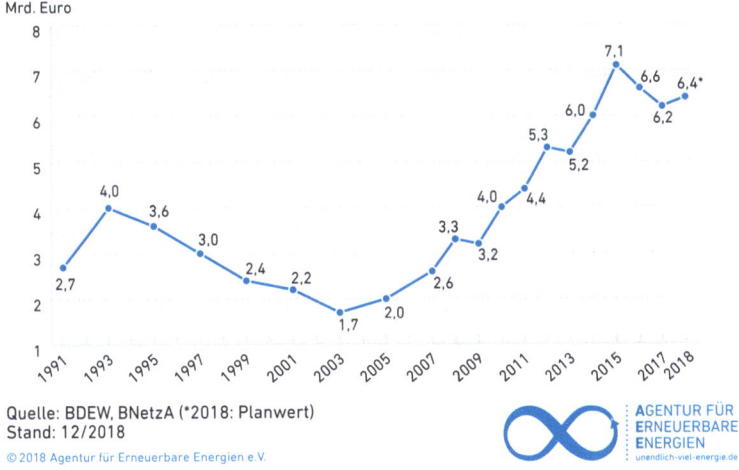

Abb. 4.11 Investitionen Stromnetz in Deutschland. (Quelle: AEE 2019)

Deutschland zwar eines der ausfallsichersten ist (lt. VDE e. V. 2015 ca. 15 min/Jahr), notwendige Investitionen allerdings viele Jahre vernachlässigt wurden (siehe Abb. 4.11). Demnach besteht prinzipiell ein hoher Sanierungsbedarf – unabhängig von der Energiewende im Strombereich.

Mit dem aktuellen Netzausbauplan erreichen die deutschen Netzbetreiber wieder das Investitionsniveau von vor der Liberalisierung des Elektrizitätsbinnenmarktes 1996 (vgl. Diekmann et al. 2016, S. 24).

4.1.6 Netzausbau?

In einem System, welches sich maßgeblich auf die fluktuierenden Erneuerbaren Energien Wind und Sonne stützt, ist ein deutschlandweiter Ausbau dieser Kapazitäten systemimmanent (vgl. Abb. 4.12). Dies ergibt sich bereits aus dem einfachen Zusammenhang, dass die sogenannte ‚Dunkelflaute', sprich das gleichzeitige Ausbleiben von Wind und Sonne, überall in Deutschland zum selben Zeitpunkt für einen längeren Zeitraum höchst unwahrscheinlich ist.

Analog ist ein Austausch zwischen den Regionen in gleichem Maße notwendig. In Deutschland gibt es hinsichtlich des Ertrages aus Erneuerbaren Energieanlagen Standortunterschiede, wobei der des Windes von Norden nach Süden, der bekannteste und aufgrund seiner Leistungsstärke sicher auch der signifikanteste ist (vgl. Abschn. 3.4.3 Erneuerbarer Strom, Wind). Allerdings gleichen sich die in der Regel

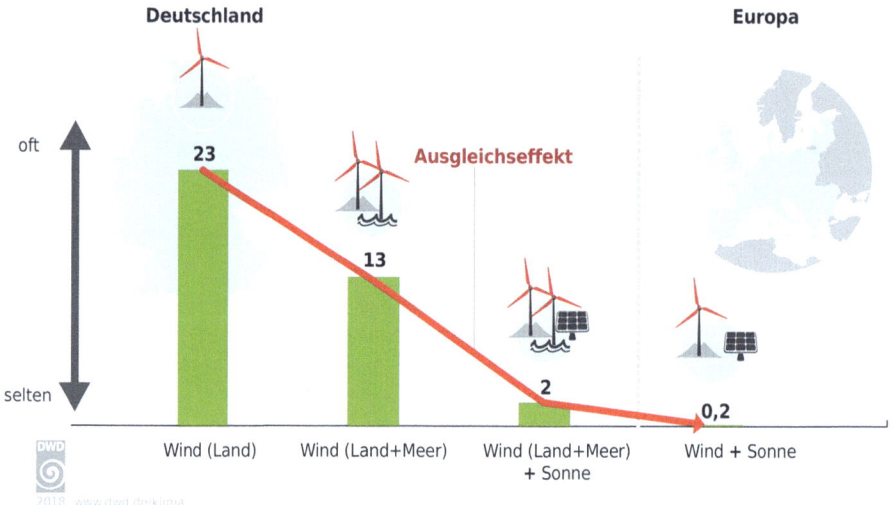

Abb. 4.12 Ertragsrisiken bei Erneuerbaren Energien reduzieren. (Quelle: DWD 2018)

ertragsschwächeren Standorte im Süden, mit immer effizienteren Anlagen zunehmend an und befinden sich näher an den Verbrauchszentren der Industrie und des Gewerbes, sodass hier sehr kurze Transportwege anfallen. Kurze Transportwege empfehlen sich prinzipiell in unserem auf Wechselstrom angelegten Stromnetz, da ansonsten die Verluste zu groß werden. Ein nahezu verlustfreier Transport ist momentan nur mittels Gleichstromübertragung möglich, auf die unser bestehendes Leitungsnetz nicht ausgelegt ist. Die Einspeisung der Erneuerbaren ins Stromnetz erfolgt wie bereits beschrieben, hauptsächlich auf der Verteilnetzebene, in Mittel- bis Niedrigspannung (vgl. Abschn. 4.1.2 Zentral versus Dezentral), was einen Ausbau an dieser Stelle vordringlich machen sollte. In der Realität sieht es allerdings anders aus. Der Netzausbau, welcher im Zusammenhang mit der Energiewende diskutiert wird, ist der Ausbau des Übertragungsnetzes und damit im Bereich der Hoch- und Höchstspannung. Allerdings liegt dem bestehenden Ausbauplan des Stromnetzes zugrunde, dass er neben den bestehenden konventionellen Kapazitäten, auch die letzte Kilowattstunde aus erneuerbaren Kapazitäten aufnehmen kann (vgl. Jarass und Obermair 2012). Verfolgt man nun das Grundprinzip der Energiewende – das Ersetzen konventioneller Kapazitäten mit erneuerbaren – fühlt sich dieses Vorgehen nicht richtig an.

4.1.7 Prinzip ‚Energiewende' – wer hat Vorfahrt im Stromnetz?

Energiewende bedeutet, sobald freie Ressourcen wie Wind, Wasser und Sonne zur Verfügung stehen, die begrenzten, endlichen Ressourcen zum Schutze des Klimas und der Umwelt zu schonen. Sie sollten demnach im Stromnetz Vorfahrt vor dem Strom aus konventionellen Kraftwerken haben. Dieses Axiom der Energiewende findet in der Praxis nur leider wenig Anwendung, da die Funktionalität der konventionellen Kraftwerke eine solche geregelte – ausgleichende – Produktion genauso wenig hergibt, wie der Strommarkt sie vorsieht. Sie lassen sich bis auf Gaskraftwerke schlecht regulieren. Die unausweichlich entstehenden Überkapazitäten, wie etwa aus der Nacht oder an Feiertagen, werden z. B. in Form von Nachtspeicherheizungen und Pumpspeichern ‚verbraucht'. In ihrer Produktions,kurve' ergeben sie eine Gerade, ein Lastband, welches zu Unrecht als Grundlastband des Verbrauches bezeichnet wird, ist es doch vielmehr das unausweichliche Grundlastband der konventionellen Produktion (Abb. 4.13).

Mit einer Zunahme an erneuerbaren Kraftwerken die parallel zu schlecht regulierbaren konventionellen Kraftwerken in die bestehende Architektur des Stromnetzes einspeisen, wird es demnach dort sehr eng. Infolge müssen die NetzbetreiberInnen, v. a. die Übertragungsnetzbetreiber, für Ausgleich sorgen, regulierend eingreifen. Regulierend eingreifen bedeutet in diesem Zusammenhang vor allem das Angebot der Nachfrage wieder anzupassen (Einspeisemanagement vgl. Abschn. 4.1.5 Systemdienstleistung) und

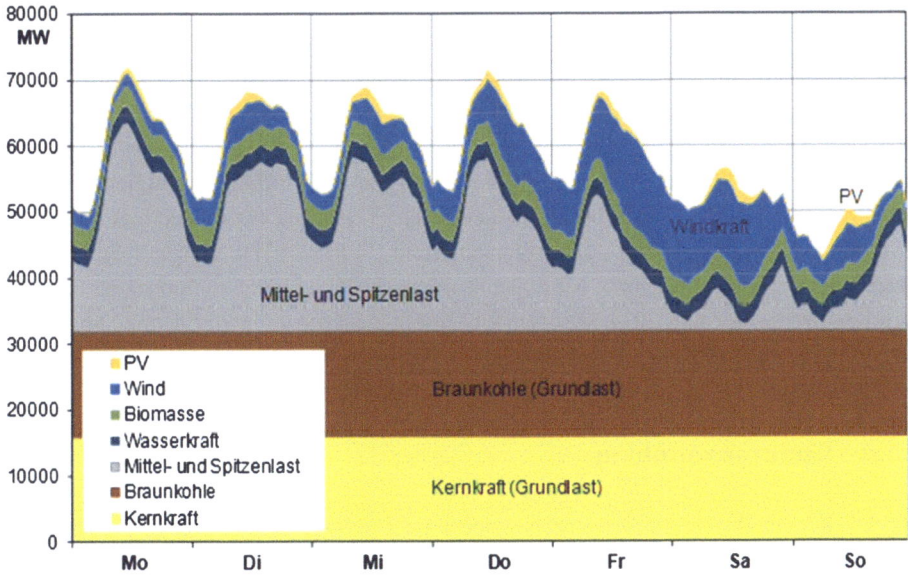

Abb. 4.13 Lastenbezeichnung des Strombedarfs. (Quelle: Quaschning 2010)

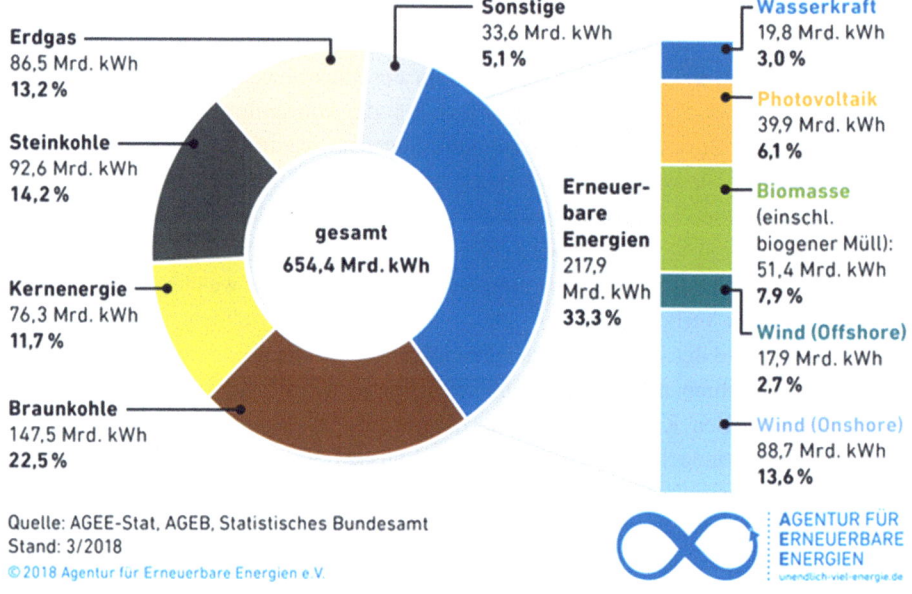

Abb. 4.14 Anteile Erneuerbarer Energien in der Stromproduktion. (Quelle: AEE 2018)

auch Kraftwerke zu drosseln. Diese Drosselung trifft dann vorwiegend die erneuerbaren Kraftwerke, da diese leicht zu regeln sind (und deren Abregelung auch von den VerbraucherInnen bezahlt wird!). Momentan sind es vor allem Windenergieanlagen, die zeitweise abgeschaltet werden, weil das Stromnetz sonst an Überlastung zusammenzubrechen droht. Im Jahr 2009 gingen trotz des gesetzlichen Vorranges für erneuerbare Energien, durch das sogenannte Einspeisemanagement rund 74 Mio. kWh sauberen Stroms verloren, verbunden mit etwa sechs Millionen Euro an Entschädigungszahlungen an Erneuerbare Kraftwerke. Im Jahr 2014 wurde so viel Strom aus erneuerbaren Energien abgeregelt wie in den Jahren 2009 bis 2013 (vgl. BNetzA 2015) zusammen, Tendenz leider steigend.

4.1.8 Sektorenkopplung

Vergleicht man die Techniken zur erneuerbaren Energieerzeugung über die Bereiche Strom, Wärme und Mobilität hinweg zeigt sich ganz deutlich, dass im Strombereich die Nutzung freier Ressourcen wie Wind und Sonne dominieren (Abb. 4.14).

Das bedeutet im Klartext, dass hier weder fossile noch rezente Rohstoffe in eine energetische Nutzung gehen müssen. Das Potenzial zur Treibhausgaseinsparung ist demnach,

4.1 Stromnetz

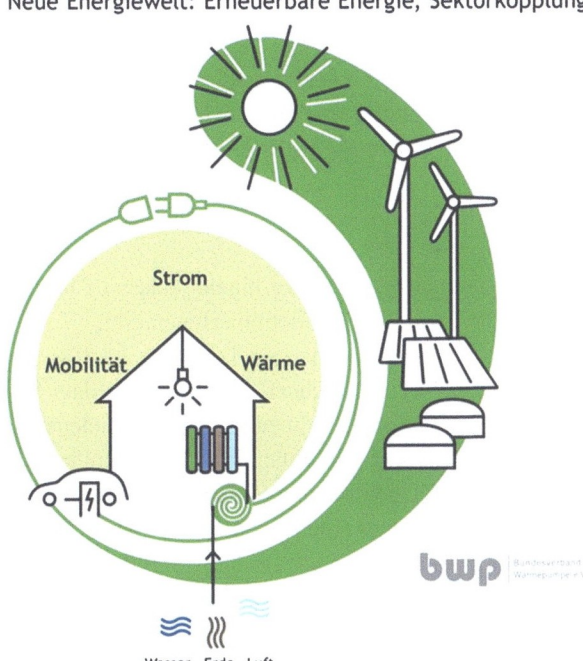

Abb. 4.15 ‚Sektorenkopplung' aus dem Strombereich heraus. (Quelle: BWP 2018)

bei der Nutzung von Wind und Sonne, im Strombereich bisher (im Wärmebereich könnte ähnliches über die Nutzung von Thermovoltaik erreicht werden) am höchsten. Sowohl im Wärme- als auch im Kraftstoffbereich dominiert bei der Nutzung erneuerbarer Energiequellen, die Nutzung der Bioenergie, also rezenter Rohstoffe, die zwar eine deutliche Ersparnis an Treibhausgas- (und anderen) Emissionen mit sich bringen, allerdings kein Vergleich zum Potenzial der freien Ressourcen. Naheliegend ist es demnach, die Bedarfe in den Bereichen Wärme und Mobilität zunehmend auch aus dem Strombereich zu bedienen. Diese Verzahnung der Energiebereiche aus dem Strom heraus, wird umgangssprachlich als *Sektorenkopplung* (Abb. 4.15) bezeichnet, obwohl die Sektoren im energiewirtschaftlichen Sinne Industrie, Gewerbe und Haushalte sind.

Hierbei kommen Techniken wie die bereits beschriebene Power2Gas Technologie zum Einsatz, welche alle drei Bereiche (Sektoren) adressiert, sowohl Wärme als auch Mobilität bedient und darüber hinaus technisch unproblematisch wieder zu Strom wird. Ein ähnliches Synthese Verfahren wie Power2Gas stellt Power2Liquid dar, nur das hier chemisch nicht zu Gas sondern zu Alkohol synthetisiert wird, welcher vor allem im Mobilitätsbereich Anwendung findet (vgl. Abschn. 3.5.2 Erneuerbare Mobilität).

Durch die Trennung der Sektoren in verschiedene Netze und unterschiedliche gesetzliche Rahmen- und Förderbedingungen, wird die Umsetzung von Power2X Projekten finanziell enorm erschwert.

4.2 Erdgasnetz

Das Gasnetz ist für den Transport der zwei unterschiedlichen Gasqualitäten H-Gas und L-Gas (vgl. Abschn. 3.1. Aufbereitung fossiler und nuklearer Energieträger) ausgelegt. Deutschland ist quasi komplett erschlossen mit Erdgas, nur wenige Regionen verfügen nicht über Netzversorgung.

Die Struktur der Betreiber ist mit zwei Marktgebieten sehr überschaubar: Gaspool und Net Connect Germany (Abb. 4.16).

Allerdings kommen unzählige lokale Netze hinzu, sodass es insgesamt in Deutschland laut Bundesnetzagentur 2018 rund 730 BetreiberInnen gibt.

Das Gasnetz fungiert allerdings nicht nur zum Transport des Gases, es dient auch als Speichermedium (vgl. Abschn. 4.1.3 Speicher). Das bedeutet, dass hier jederzeit Rohstoff (Primärenergieträger) entnommen und in entsprechende Endenergie umgesetzt werden kann, ob für Strom, Wärme oder Mobilität spielt keine Rolle – wobei Strom- und Wärmeentnahmen dominieren. Neben unzähligen Rohrleitungen mit über 530.000 km Gesamtlänge, verfügt das Gasnetz über unterschiedliche Arten von Speicherräumen (vgl. Abb. 4.17). Die wichtigsten sind hierbei die Poren- und Kavernenspeicher. Während Porenspeicher natürlichen Ursprungs sind und im porösen Gestein von vorwiegend Kalken und Sandstein, meist bereits vor Erschließung als Speicher Erdgas bewahrt haben, sind Kavernenspeicher künstlich erzeugte Hohlräume durch Bohrungen.

Die Speicherkapazitäten des deutschen Gasnetzes betragen laut Sterner et al. 2011 etwa 220 thermische Terawattstunden (TWh). Davon ausgehend, dass der Wirkungsgrad einer modernen Gasturbine 55 % ist, entspricht das in etwa der 3000-fachen Kapazität der deutschen Pumpspeicherkraftwerke! Analog lässt sich die Stromversorgung in

Abb. 4.16 Gasnetzmarktgebiete in Deutschland. (Quelle: FNB-Gas 2018)

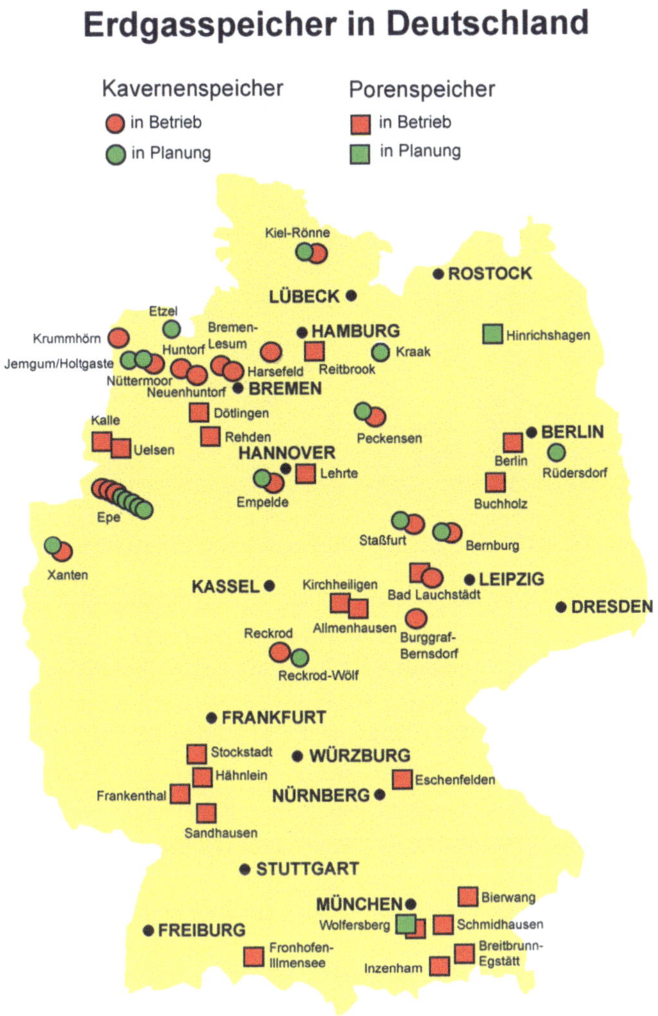

4.3 Fernwärmenetz

Abb. 4.17 Erdgasspeicher in Deutschland. (Quelle: Leuschner 2009)

ganz Deutschland sich mit der Energie im Gasnetz über entsprechende Kraftwerke und dezentrale Blockheizkraftwerke für etwa zwei bis drei Monate überbrücken.

4.3 Fernwärmenetz

Deutschland verfügt kleinräumig über sogenannte Fern- und Nahwärmenetze, welche EndverbraucherInnen mit Prozess- oder Raumwärme versorgen (Beispiel für ein Fernwärmenetz in Abb. 4.18). Bei kleineren Entfernungen und Versorgungseinheiten spricht

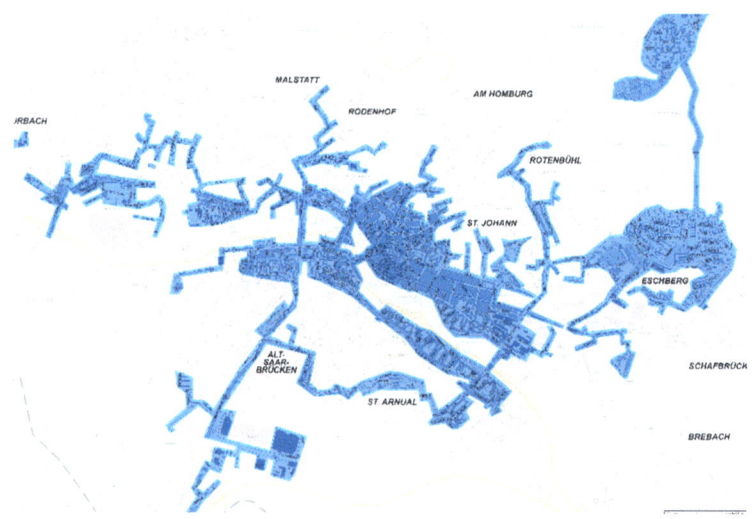

Abb. 4.18 Fernwärmenetz Saarbrücken. (Quelle: Energie Saar-Lor-Lux 2018)

man eher von Nahwärmenetzen; wird die Wärme über weitere Distanzen transportiert von Fernwärmenetzen. Es gibt allerdings keine festgelegte Entfernung zur Abgrenzung der Begrifflichkeiten. Die sogenannten Fernwärmenetze werden vordringlich von konventionellen Heizkraftwerken (vgl. Abschn. 3.3.1 Konventionelle Wärme) sowie aus der Stromerzeugung konventioneller Kraftwerke beschickt. Die AnwohnerInnen dieser sogenannte Fernwärmeschienen unterliegen in der Regel einem Anschlusszwang zur Wärmeversorgung. Dies geschieht heute zum überwiegenden Teil mit Heißwasser, früher kam auch Dampf zum Einsatz. Die Wärmeproduktion egal mit welchem Energieträger erfolgt dabei zentral. Wärmenetze verfügen sowohl über Transport- als auch Speicherfunktion (vgl. Abschn. 4.1.3 Speicher). Die Speicherfunktion ist allerdings sowohl zeitlich als auch räumlich eher beschränkt, da beides Verlusten durch die Isolierung des Leitungssystems ausgesetzt ist. Im energetischen Idealfall (hohe Effizienz), ist die zur Verfügung gestellte Wärme Abfallprodukt der Stromproduktion oder eines Industrieprozesses und wird in Abhängigkeit vom Verbrauch zur Verfügung gestellt.

4.4 Kraftstoff ‚netz'

Im Gegensatz zu Erdgas- Strom- und Fernwärmenetzen ist die Verteilung von Kraftstoffen zur EndverbraucherIn – innerhalb von Deutschland – zum Großteil nicht an ein physisches Netz gebunden. Es wird über eine logistische Infrastruktur mit Binnenschiffen, Tanklastzügen und Kesselgüterwagen gewährleistet. Die bestehenden Rohrfernleitungsnetze (Pipelines) verbinden hauptsächlich Raffinerien und andere GroßabnehmerInnen (Abb. 4.19), nicht jedoch das allgemeine Tankstellennetz miteinander.

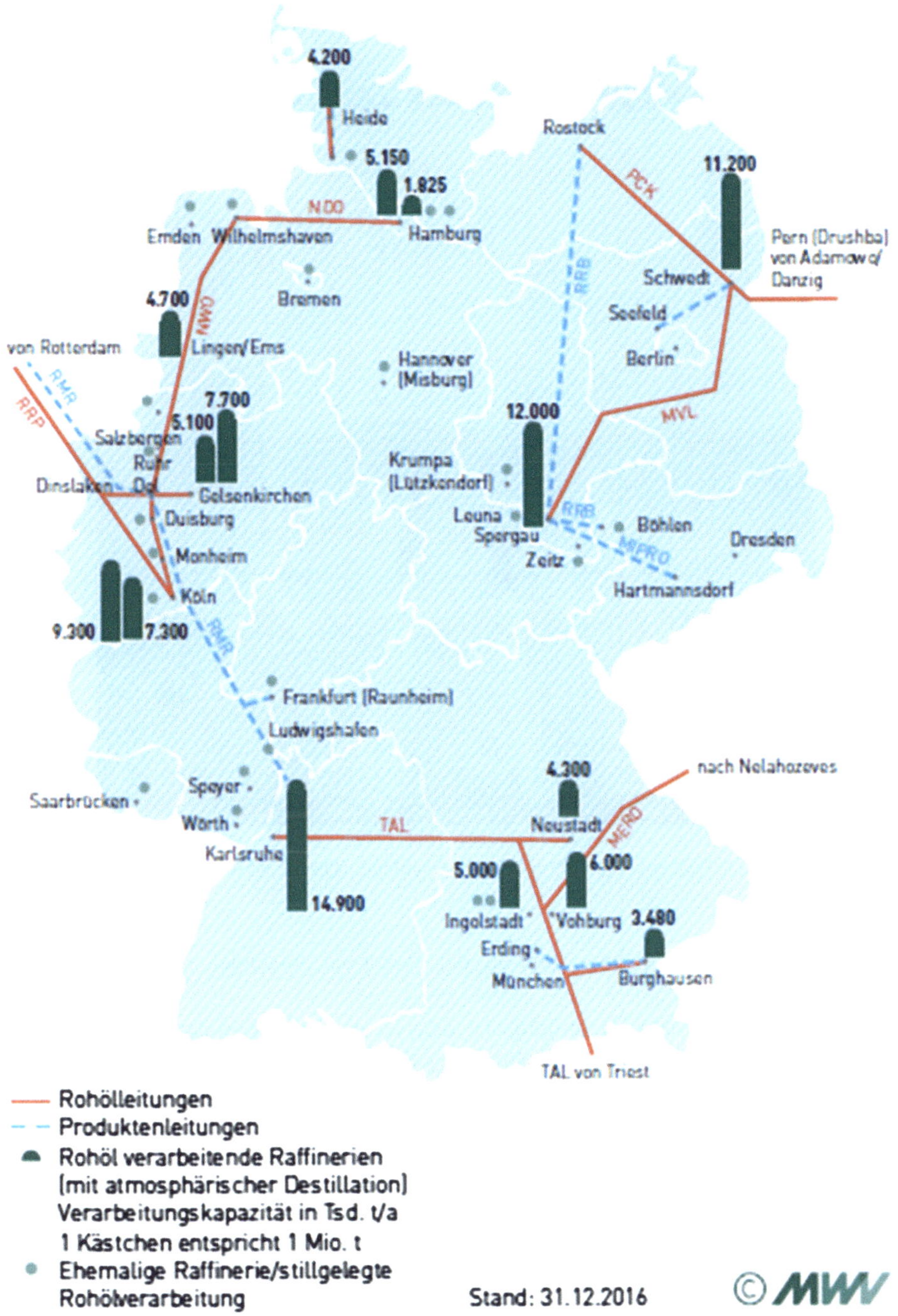

4.4 Kraftstoff ‚netz'

—— Rohölleitungen
- - - Produktenleitungen
- Rohöl verarbeitende Raffinerien (mit atmosphärischer Destillation) Verarbeitungskapazität in Tsd. t/a 1 Kästchen entspricht 1 Mio. t
• Ehemalige Raffinerie/stillgelegte Rohölverarbeitung

Stand: 31.12.2016

Abb. 4.19 Raffinerien und Pipelines in Deutschland. (Quelle: MWV 2016)

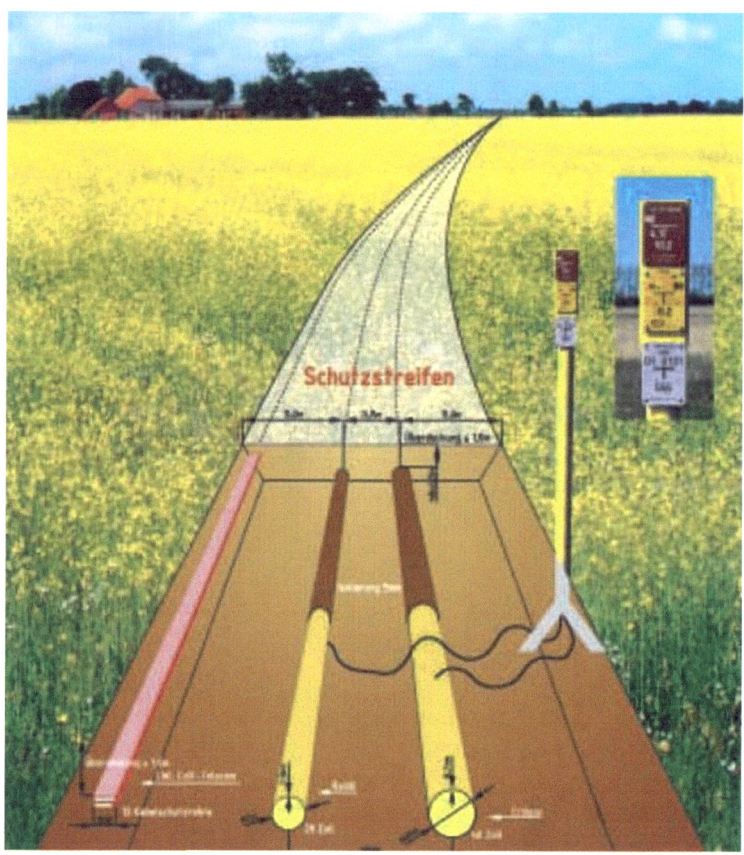

Abb. 4.20 Beispiel Trassenverlauf Ölpipeline Deutschland. (Quelle: MWV 2006)

Die eher seltenen Pipelines sind in der Regel an folgender Kennzeichnung in Abb. 4.20 zu erkennen.

Darüber hinaus besteht für militärische Zwecke innerhalb Europas und damit auch Deutschlands ein weiteres wichtiges physisches Netz, das CEPS (Central European Pipeline System), welches mit über 5500 km Pipelines Nato-Depots sowie zivile Depots miteinander verbindet.

Das Treib- und Kraftstoffnetz selbst, als ein Transportnetz stofflicher Energieträger, kann sowohl Transport- als auch Speicherfunktionen bedienen (vgl. Abschn. 4.1.3. Speicher). Die Speicherkapazität der Pipelines und Transportbehälter (Tanklastzüge, Kesselgüterwagen, Tankstellen, etc.) ist beträchtlich und kann kurzfristige Schwankungen ausgleichen, ohne die eigentlichen Speicher ansprechen zu müssen.

4.5 Zusammenfassung

Bis dato werden die Netze und damit die unterschiedlichen Energiebereiche zum Großteil getrennt voneinander betrachtet und betrieben. Notwendige Synergieeffekte für eine effizientere Versorgung im Gesamtsystem bleiben demnach aus. Während sowohl das Gas- als auch das Treib- und Kraftstoffnetz über große Speichermöglichkeiten verfügen, gibt es für die Speicherung von Strom und Wärme kaum Kapazitäten. Während die stofflichen Speicher, wie etwa Kohle und Kraftstoffe über sehr hohe Energiedichten verfügen, bieten die nicht stofflichen Speichermedien wie Strom und Wärme bisher nur geringe Dichten an. Zum Fehlen der Synergieeffekte gesellen sich bürokratische Hürden, wie etwa getrennte Gesetzgebung innerhalb der Energiebereiche und daran anknüpfend hohe finanzielle Belastungen beim ‚Sektoren'-durchtritt. Dieser Problematik ist sowohl die schlechte Versorgung mit Power2x Anlagen als auch mit anderen Sektorenkopplungsprojekten geschuldet.

Literatur

AEE – Agentur für Erneuerbare Energien (2011). Netzinvestitionen der deutschen Stromversorger. http://unendlich-viel-energie.de/mediathek/grafiken/entwicklung-der-stromerzeugung-aus-erneuerbaren-energien. Zugegriffen: 20. Oktober 2014.

AEE – Agentur für Erneuerbare Energien (2012). Merit Order ohne erneuerbare Energien, Erdgas am Ende der Nachfragekurve. https://www.unendlich-viel-energie.de/media/image/4895.AEE_Merit-Order-Effekt_Feb11.jpg. Zugegriffen 03.04.2017.

AEE – Agentur für Erneuerbare Energien (2014). Kapazitäten verschiedener Stromspeicher. https://www.unendlich-viel-energie.de/mediathek/grafiken/grafik-dossier-stromspeicher. Zugegriffen: 20. Oktober 2014.

AEE – Agentur für Erneuerbare Energien (2017): Umrüstung von Solarstromanlagen zur Wahrung der Netzstabilität – verändert. https://www.unendlich-viel-energie.de/media/image/4593.AEE_50,2Hz_Umruestung_Apr14.jpg. Zugegriffen 06. Juni 2018.

AEE – Agentur für Erneuerbare Energien (2018). Anteile Erneuerbarer Energien in der Stromproduktion. https://www.unendlich-viel-energie.de/media/image/23021.AEE_Strommix_Deutschland_2017_Mar18_72dpi.jpg. Zugegriffen 08. Juli 2018.

AEE – Agentur für Erneuerbare Energien (2019). Investitionen in das deutsche Stromnetz. https://www.unendlich-viel-energie.de/media/image/32251.AEE_Investitionen_in_das_deutsche_Stromnetz_Dez18.jpg. Zugegriffen 22. Juli 2019.

BNetzA – Bundesnetzagentur (2015). EEG-Statistik: Deutlicher Anstieg von Einspeisemanagementmaßnahmen. https://www.bundesnetzagentur.de/SharedDocs/Pressemitteilungen/DE/2015/151110_EEG_ZD.html. Zugegriffen 23. Juli 2017.

BWP – Bundesverband Wärmepumpen e.V. (2018): Infografik Alte Energiewelt/Neue Energiewelt. https://www.waermepumpe.de/presse/mediengalerie/grafiken/. Zugegriffen 03.11.2018.

Diekmann, J.; Schill, W.P.; Breitschopf, B.; Sievers, L.; Klobasa, M.; Lehr, U. und Horst, J. (2016). Wirkungen des Ausbaus erneuerbarer Energien – Zusammenfassung und Schlussfolgerungen (ImPress). Berlin, Karlsruhe, Osnabrück.

DWD – Deutscher Wetterdienst (2018). Ertragsrisiken bei Erneuerbaren Energien reduzieren. https://www.dwd.de/DE/klimaumwelt/aktuelle_meldungen/180306/ertragsausfaelle_ee_pk_2018.html. Zugegriffen 06. Juni 2018.

ene´t GmbH (2018). Übertragungs- und VerteilnetzbetreiberInnen. https://www.enet.eu/newsletter/uebertragungsnetzentgelte-preisentwicklungen-durchwachsen. Zugegriffen 08. Juli 2018.

Energie Saar-Lor-Lux (2018). Fernwärmenetz in Saarbrücken. https://www.energie-saarlorlux.com/wp-content/uploads/karte_fernwaermenetz.pdf. Zugegriffen 27. Juli 2017.

FNB Gas – Die Fernleitungsbetreiber (2018). Gasnetzmarktgebiete in Deutschland. https://www.fnb-gas.de/de/fernleitungsnetze-/marktgebiete/marktgebiete.html. Zugegriffen 08. Juli 2018.

Fraunhofer IWES (2009). Kombikraftwerk. http://www.kombikraftwerk.de/. Zugegriffen 20. August 2018.

Heymann, M. (1995). Die Geschichte der Windenergienutzung: 1890 – 1990. New York, Frankfurt/Main.

Janzing, B. (2002). Baden unter Strom: eine Regionalgeschichte der Elektrifizierung; von der Wasserkraft ins Solarzeitalter. Vöhrenbach.

Jarass, L. und Obermair, G.M. (2012). Welchen Netzumbau erfordert die Energiewende? Unter Berücksichtigung des Netzentwicklungsplans 2012. Münster: MV-Verlag.

juwi (2011). Unterschiedliche Spannungsebenen im deutschen Stromnetz. – unveröffentlicht.

juwi (2012). Verschiebung Einspeise- zu Nachfragespitzen durch Power2Gas Technologie. – unveröffentlicht.

Leuschner, U. (2009). Erdgasspeicher in Deutschland. http://www.energie-chronik.de/090806d.htm. Zugegriffen 07. August 2015.

MWV – Mineralölwirtschaftsverband e.V. (2006). Mineralölversorgung mit Pipelines. Broschüre. https://www.mwv.de/wp-content/uploads/2016/07/mwv-publikationen-broschuere-Mineraloel-Pipelines-2006.pdf. Zugegriffen 21. Mai 2018.

MWV – Mineralölwirtschaftsverband e.V. (2016). Raffinerien und Pipelines. https://www.mwv.de/raffinerien-und-pipelines/. Zugegriffen 21. Mai 2018.

Paschotta, R. (2018). Artikel 'Blindstrom' im RP-Energie-Lexikon. https://www.energie-lexikon.info/blindstrom.html. Zugegriffen 02.06.2018.

Quaschning, V. (2010). Lastbezeichnung des Strombedarfs. Sonne, Wind & Wärme 05/2010, S. 10–15.

Sterner, M.; Jentsch, M. und Holzhammer, U. (2011). Energiewirtschaftliche und ökologische Bewertung eines Windgas-Angebotes Gutachten Fraunhofer Institut für Windenergie und Energiesystemtechnik (IWES). Kassel.

VDE e.V. – Verband der Elektrotechnik Elektronik Informationstechnik (2015). Pressemitteilung. https://www.vde.com/de/presse/pressemitteilungen/63-15. Zugegriffen 06. Juni 2018.

wiley online library (2018). Energiespeicherung als Element einer sicheren Energieversorgung. https://onlinelibrary.wiley.com/doi/full/10.1002/cite.201400183. Zugegriffen 21. Mai 2018.

Klimawandel und Paradigmenwechsel in der Energiewirtschaft 5

Während die Endlichkeit der fossilen und nuklearen Rohstoffe bereits genug Motivation sein sollte, unsere Energieversorgung umzustellen, tragen lebensbedrohliche Umweltveränderungen durch ihre energetische Nutzung bereits seit Ende letzten Jahrhunderts maßgeblichen Anteil am Paradigmenwechsel hin zur regenerativen Versorgung in der Energiewirtschaft. Ausschlaggebend ist hierbei vor allem der menschengemachte Klimawandel durch den Ausstoß von Treibhausgasen, welche zu einem erheblichen Anteil der Energiewirtschaft zugeordnet werden. Die meisten Volkswirtschaften dieser Erde bestreiten ihre Versorgung fossil und stoßen hierdurch, wie die vorangegangen Kapitel beschreiben, sowohl in der Beschaffung, als auch in der Umwandlung und Verteilung von Energie, das Treibhausgas CO_2 aus. Dessen zunehmende Konzentration in der Erdatmosphäre sorgt für eine kontinuierliche Erwärmung des Klimas und eine erhebliche Veränderung unserer Lebensgrundlagen, und zwar nicht zum Besseren. Dürren, Stürme und Starkregenereignisse nehmen auch in den gemäßigten Klimazonen überproportional zu, ehemals fruchtbare Gebiete werden zu Ödland, welches seine BewohnerInnen nicht mehr ernähren kann. Klimawandel als globales Problem hat Klimaschutz deshalb zu einem der wenigen verbindenden Interessen der Weltgemeinschaft gemacht. Das war nicht immer so, denn trotz vermehrter internationaler Klimaschutzbemühungen seit den 1970er Jahren haben verbindliche Abkommen, mit Durchgriff auf die nationalen Ebenen, sehr lange auf sich warten lassen bzw. wurden recht zögerlich umgesetzt.

5.1 Internationale Klimaschutzpolitik

Ein entscheidender Schritt bei der Verstärkung der internationalen Klimaschutzbemühungen war 1988 die Gründung des *Intergovernmental Panel on Climate Change (IPCC)* oder zu Deutsch des *Weltklimarates* durch das Umweltprogramm der Vereinten

Nationen (UNEP) und der Weltorganisation für Meteorologie (WMO). Diese zwischenstaatliche Institution führt international Wissen zum Klimawandel zusammen und erstellt Prognosen sowie Szenarien für die Zukunft, welche als Basis für politisches Handeln dienen sollen. Eine deutsche Dependance, die *IPCC-Koordinierungsstelle,* wurde 10 Jahre später am *Deutschen Zentrum für Luft- und Raumfahrt (DLR)* in Bonn eingerichtet. Zentrale Plattform der internationalen und überstaatlichen Klimaschutzbemühungen wurde die Einberufung von *Weltklimakonferenzen.* Anfangs fanden diese eher unregelmäßig statt, aber nach dem sogenannten ‚Erd-Gipfel' 1992 in Rio de Janeiro und der Unterzeichnung *der United Nations Framework Convention on Climate Change (UNFCCC)* bzw. der *Klimarahmenkonvention (KRK),* änderte sich dies. Mit ihr banden sich 150 Staaten in ihren Klimaschutzbemühungen aneinander und seitdem folgten jährlich internationale *Konferenzen der Vertragsparteien (Conference of the Parties – COPs),* um nach gemeinsamen Lösungen zum Schutz des Klimas und zu Anpassungen an den Klimawandel zu arbeiten.

Bereits zu Beginn der internationalen Klimaverhandlungen wurde auf die *Energiewirtschaft als zentrales Handlungsfeld* zur Verminderung von Treibhausgasemission fokussiert und entsprechende Zielvorgaben entwickelt. Gleich in Rio de Janeiro verpflichteten sich die Industrie- und Transformationsländer – die Entwicklungsländer waren zunächst ausgenommen – dazu, ihre Emissionen bis zum Jahr 2000 auf den Stand von 1990 zu reduzieren. Allerdings dauerte es noch bis zur 3. COP 1997 im japanischen Kyoto, dass ein konkreter Ziel- und Maßnahmenkatalog hierzu erarbeitet wurde – das *Kyoto-Protokoll.* Zentral war die Benennung der relevanten Treibhausgase, des sogenannten ‚basket':

- Kohlendioxid (CO_2)
- Methan (CH_4)
- Distickoxid (N_2O) (Lachgas)
- wasserstoffhaltige Fluorkohlenwasserstoffe (FKW)
- perfluorierte Fluorkohlenwasserstoffe (PFC)
- Schwefelhexafluorid (SF_6)

Der Einfachheit halber und auch, um den Bezug zur Energiewirtschaft zu verdeutlichen, wurde auf CO_2 als Standardgröße normiert, sodass die anderen Treibhausgase fortan in CO_2-Äquivalente umgerechnet werden (Beispiel 1 Teilchen $CH_4 = 23$ Teilchen CO_2-Äquivalente).

Im Vertragszeitraum der Kyotovereinbarung, von 2008 bis 2012, sollten die Treibhausgasemissionen um insgesamt 5,2 % reduziert werden. Von dieser Verpflichtung nahm man an, dass sie ausreicht, die weltweite Jahresmitteltemperatur um nicht mehr als 2 °C – im Vergleich zu vor der Industrialisierung (ab 1850) – ansteigen zu lassen. Auch wenn eine Erhöhung um 2 °C gravierende Folgen für das Leben auf der Erde haben würde, ging man davon aus, dass sie beherrschbar wären. So etablierte sich für die internationale Klimaschutzpolitik das sogenannte *2 Grad-Ziel.* Nicht alle Teilnehmerländer waren mit diesen Festlegungen und den daraus erwachsenden Verpflichtungen einverstanden, sodass es bis zum November 2004 dauerte, bis diese Beschlüsse rechtsverbindlich angenommen (ratifiziert) und entsprechend in nationales Recht überführt wurden. Mit dem Fokus auf Dekarbonisierung der Energiewirtschaft wird seitdem der konsequente Umbau von Erzeugungskapazitäten, fossil nach erneuerbar, verbunden. Flankiert wird dieser Umbau von Einsparungen und bzw. auch durch Effizienzsteigerungen. Adressiert wurden dabei alle Energiebereiche: Strom, Wärme und Mobilität. Leider entfaltete das Kyotoprotokoll wenig Wirkung. Statt zu einer Reduktion des CO_2-Ausstoßes kam es zwischen 1990 und 2015 zu einem Anstieg von 22 Mrd. Tonnen, denn viele Unterzeichnerstaaten blieben weit hinter ihren gesetzten Zielen zurück. Man versuchte in mehreren Konferenzen, ein Nachfolgeabkommen zum Kyoto-Protokoll zu erarbeiten. Dies gelang bis zum Ende der ersten Verpflichtungsperiode 2012 nicht, sodass es zunächst lediglich verlängert wurde. Erst auf der 21. COP in Paris kam es zu einer neuen umfassenden Einigung der über 150 teilnehmenden Staats- und Regierungschefs: Erstmalig definierten fast alle Staaten nationale Klimaschutzziele, nicht nur wie in der Kyoto-Logik die Industrieländer. Darüber hinaus bekannten sie sich zu dem Ziel, die Erderwärmung auf ‚deutlich unter' 2 °C bzw. möglichst auf *1,5°C* zu begrenzen. Zusätzlich terminierte das Abkommen die Dekarbonisierung – auch über die Energiewirtschaft hinaus – auf die zweite Hälfte des 21. Jahrhunderts. Diese Bekenntnisse wurden in einen völkerrechtlich bindenden Vertrag gegossen und binnen weniger Monate ratifiziert. Klimaschutzziele sind innerhalb dieses *Parisers Abkommens* nicht mehr statisch, sondern werden alle fünf Jahre progressiv fortgeschrieben. Überwacht und unterstützt wird dieser Prozess von einem eigens eingerichteten Komitee, ähnlich den Ratingagenturen im Finanzmarkt. Bis zur folgenden Klimakonferenz 2016 in Marrakesch (COP 22) wurden bereits nationale Klimaschutzpläne erarbeitet und vorgestellt, zuerst der von Bundesumweltministerin Barbara Hendricks. Außerdem schloss die 22. Klimakonferenz mit dem Bekenntnis der 48 besonders vom Klimawandel betroffenen Länder (Climate Vulnerable Forum, CVF) zu einem schnellstmöglichen Umstieg auf 100 % Erneuerbare Energien (vgl. Hook 2018).

5.2 Instrumente für den Klimaschutz

Das wohl bekannteste und potenteste Instrument für die Verringerung des CO_2-Ausstoßes in der Energiewirtschaft ist der Emissionshandel (EHS). Er beschreibt den An- und Verkauf von Emissionszertifikaten bei einem festgelegten Ausstoßvolumen für CO_2 anhand der Kyoto-Verpflichtungen bzw. potenziell deren Folgeabkommen. Hierdurch wird CO_2 bepreist und wer es einspart, kann zusätzlichen Gewinn generieren durch den Verkauf von überflüssigen Zertifikaten. Zu Beginn erhält jedes Unternehmen eine gewisse Menge an Zertifikaten kostenfrei zugeteilt. Dann wird die Zertifikatsmenge nach und nach verknappt, sodass sie immer teurer werden. Investiert demnach ein Unternehmen in Energieeffizienzmaßnahmen und spart damit CO_2 ein, werden Zertifikate für den Verkauf frei. Übersteigt die CO_2-Produktion die Anzahl der frei zugeteilten Zertifikate, müssen welche hinzugekauft werden. Auch wenn es für viele Betriebe zunächst günstiger ist, Zertifikate zu kaufen als in eine Emissionsreduzierung und damit in Klimaschutz zu investieren, ändert sich dieses Verhältnis mit zunehmender Verknappung und damit auch Verteuerung der Zertifikate. Für die Energiewirtschaft bedeutet das: Je mehr regenerative Techniken zum Einsatz kommen, die keine bzw. wenige Brennstoffe benötigen, profitieren die Unternehmen von Brennstoffersparnissen plus Gewinnen aus dem Emissionshandel. Dieses internationale Klimaschutzinstrument wird sowohl auf europäischer, als auch auf deutscher Ebene angewendet. Der Emissionshandel betrifft allerdings nicht alle Wirtschaftsbereiche, so ist beispielsweise der Verkehr ausgenommen.

In Deutschland kommen noch weitere gesetzlich verankerte Fördermechanismen hinsichtlich des Ausbaus der erneuerbaren Energien dazu. Diese sind energiebereichsspezifisch und maßgeblich folgende:

- Biokraftstoffquotengesetz (BioKraftQuG) in der Mobilität
- Erneuerbare-Energien-Wärme-Gesetz (EEWärmeG) für die Wärme
- Erneuerbare-Energien-Gesetz (EEG) für den Strom

Das *BioKraftQuG* legt die Beimischungsquote von Biokraftstoffen (Bioethanol und Biodiesel) zu den fossilen Kraftstoffen Benzin und Diesel fest und erhöht sich analog zu den CO_2 Einsparungszielen. Momentan liegt sie bei 4 % und soll ab 2020 7 % betragen. Die Bioethanol und Biodiesel enthaltenden Kraftstoffe sind für die EndverbraucherInnen dabei etwas günstiger als die rein fossilen Kraftstoffe. Bis 2003 wurden reine Biokraftstoffe, insbesondere Pflanzenöle, zudem mit reduziertem Mehrwertsteuersatz von Lebensmitteln gefördert. Seit 2015 kommen zur Unterstützung der Energiewende im Mobilitätsbereich auch erste zaghafte, gesetzlich verankerte Fördermöglichkeiten zur Elektromobilität (z. B. Kaufprämie und teilweise privilegierte Nutzung von Busspuren) hinzu.

Das *EEWärmeG* fordert die Steigerung des erneuerbaren Energieanteils im Bereich der Wärme. Neubauten mit einer Nutzfläche von mehr als 50 m^2 müssen ihren Wärme- oder Kälte-Energiebedarf zum Teil aus erneuerbaren Energien decken. Das Gesetz wird föderal unterschiedlich ausgelegt, sodass die Zielerreichungsmöglichkeiten von Bundesland zu Bundesland variieren und teilweise sogar Bestandsgebäude betreffen. Flankiert wird das EEWärmeG durch unterschiedliche Marktanreizprogramme für erneuerbare Energieanlagen zur Wärmebereitstellung.

Während die Gesetzeswerke im Mobilitäts- und Wärmebereich Anreize durch finanzielle Einsparmöglichkeiten eröffnen, schafft das Förderinstrument für den Strombereich, das *EEG,* eine Verdienstmöglichkeit. Durch eine gesetzlich garantierte Abnahme und Vergütung des erneuerbaren Energie-Stroms, welche der Refinanzierung der Anlagen dient, wird darüber hinaus eine Renditemöglichkeit für Investor- bzw. BetreiberInnen geschaffen.

Neben der Förderung des Ausbaus von Erneuerbaren Energien, treten Gesetzeswerke hinzu, welche die Einsparung von Energie und Innovationen im Bereich Energieeffizienz

5.2 Instrumente für den Klimaschutz

fordern und fördern. Die nationale Umsetzung der Europäischen Energie-Effizienz-Richtlinie findet in Deutschland zum Beispiel durch die Teilnahme am Emissionshandel statt und für die nicht vom EHS betroffenen Wirtschaftsbereiche, durch den Nationalen Aktionsplan Energieeffizienz (NAPE). Die Identifizierung von Effizienzpotenzialen in Unternehmen wird über die verpflichtende Einführung von Energiemanagement-Systemen bzw. über die Durchführung von Energieaudits gefordert. Als Pönale gilt eine Einschränkung bei der Befreiung von Umlagen beim Strombezug, welche einen maßgeblichen Anteil am Strompreis haben (vgl. Abb. 5.1).

Einsparungen im Bereich der Gebäude werden über das aus den 1970er Jahren stammende *Energieeinsparungsgesetz* geregelt, dessen zentrale Umsetzungsmaßnahme die *Energieeinsparverordnung (EnEV)* ist. Sie legt eine schrittweise Reduktion des Primärenergiebedarfs sowie Sanierungsanforderungen und die Erstellung von Energieausweisen fest.

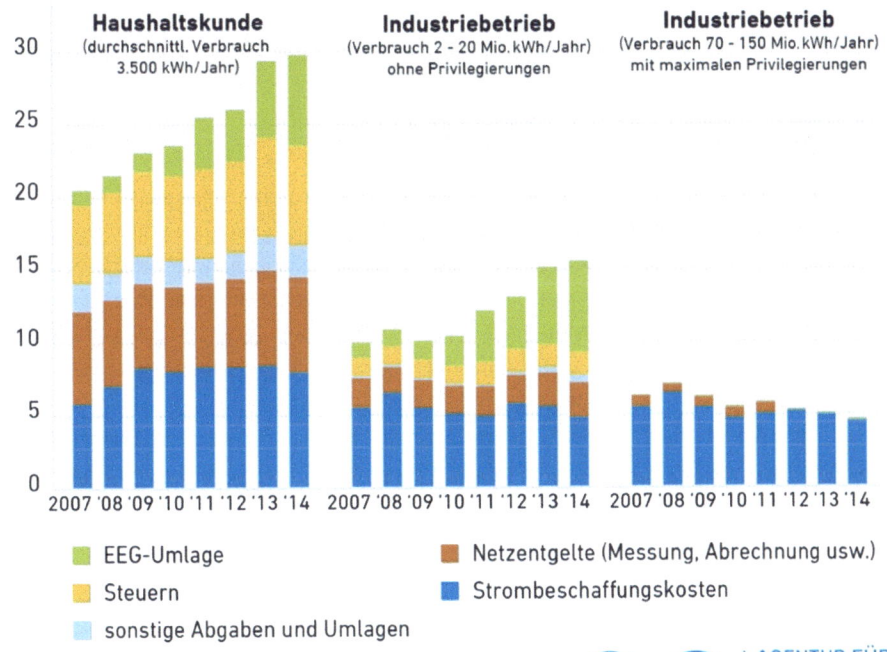

Abb. 5.1 Strompreisentwicklung und Bestandteile für Haushalte, Gewerbe und Industrie. (Quelle: AEE 2017a)

5.3 Zielvereinbarungen für den Klimaschutz

Innerhalb der Europäischen Union ist die Klimaschutzgesetzgebung im Wesentlichen über das *Europäische Programm für den Klimaschutz (ECCP)* geregelt. Es beinhaltet einen Fahrplan (Roadmap) mit folgender Zieltrias bis *2020* (vgl. Generaldirektion Kommunikation der Europäischen Kommission 2016):

- Treibhausgasemissionen gegenüber den Werten von 1990 um mindestens 20 % senken,
- Anteil des Energieverbrauchs aus erneuerbaren Energien um 20 % steigern,
- Energieeffizienz so verbessern, dass der Primärenergieverbrauch 20 % unter den prognostizierten Werten liegt.

Diese als 20–20–20 Zielsetzung bekannte Festlegung, wurde bereits im Oktober 2014 mit folgenden Werten bis *2030* fortgeschrieben:

- Verringerung der Treibhausgasemissionen um mindestens 40 % gegenüber dem Stand von 1990,
- Erhöhung des Anteils erneuerbarer Energien am Gesamtenergieverbrauch auf mindestens 27 %,
- Steigerung der Energieeffizienz um mindestens 27 %.

Weitergeführt bis *2050* bedeutet dies, dass die EU ihre Treibhausgasemissionen gegenüber den Werten von 1990 um 80–95 % reduziert.

Deutschland möchte seine Reduktionsziele durch eine sogenannte drei E Strategie erreichen: Energiesparen, Energieeffizienz und Erneuerbare Energien. Hierfür wurden Ziele für die unterschiedlichen Meilensteine: 2020, 2035 und 2050 festgelegt (Tab. 5.1). Als Hauptemittent von CO_2 in der EU fällt den deutschen Verpflichtungen ungleich viel Gewicht zu.

Leider stagnieren die Bemühungen im Bereich Energieeffizienz und Energiesparen seit vielen Jahren. Lediglich der Bereich Erneuerbare Energien verzeichnet Werte in erreichbarer Nähe der Zielsetzungen. Allerdings nicht gleich verteilt über die drei Energiebereiche, wie Abb. 5.2 zeigt.

Während der Anteil der Erneuerbaren Energien sowohl im Mobilitäts- als auch im Wärmebereich nur sehr langsam wächst, ist der Zuwachs im Strombereich überproportional hoch (vgl. Abb. 5.2). Obwohl im Bereich Wärme die meiste Energie verbraucht wird, gefolgt von der Mobilität, ist der Bereich der Stromerzeugung der CO_2 lastigste Bereich (in Deutschland mehr als 80 %, vgl. z. B. UBA 2017). Das liegt an Braunkohle als Hauptenergieträgerin der deutschen Stromversorgung. Sie ist innerhalb der konventionellen Energie die mit der schlechtesten CO_2-Bilanz (Abb. 5.3).

5.3 Zielvereinbarungen für den Klimaschutz

Tab. 5.1 Deutsche Klimaschutzziele. (Hook 2018, S. 41)

Treibhausgasemissionen		
Rückgang der Treibhausgasemissionen	40%	27,0%
Erneuerbare Energien		
Anteil Erneuerbarer Energien am Endenergieverbrauch	18%	13,5%
Anteil Erneuerbarer Energien am Stromverbrauch	>35%	27,4%
Anteil Erneuerbarer Energien am Wärmeverbrauch	14%	12,0%
Effizienz		
Reduktion des Primärenergiebedarfs (Basis 2008)	20%	8,7%
Steigerung der Endenergieproduktivität	jährlich 2,1%	jährlich 1,6%
Reduktion des Stromverbrauchs	10%	4,6%
Anteil Kraft-Wärme-Kopplung an der Stromerzeugung	25%	
Gebäude		
Jährliche Sanierungsquote	2%	ca. 1%
Reduktion Wärmeverbrauch	20%	12,4%
Mobilität		
Reduktion Endenergieverbrauch Verkehr (Basis 2005)	10%	
Anzahl Elektrofahrzeuge	1 Million	ca. 12000
Anteil Erneuerbarer Energien am Treibstoffverbrauch	10%	5,6%

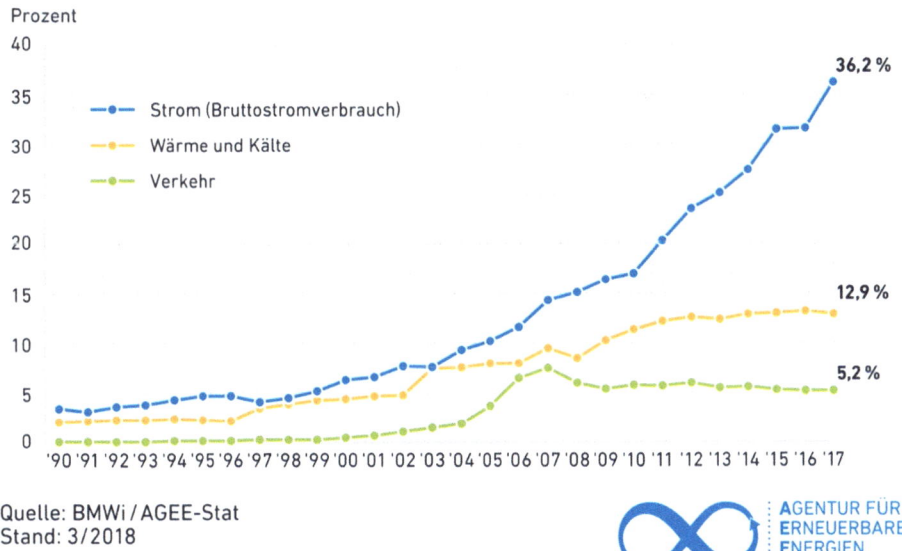

Abb. 5.2 Anteil der erneuerbaren Energien am Endenergieverbrauch. (Quelle: AEE 2017b)

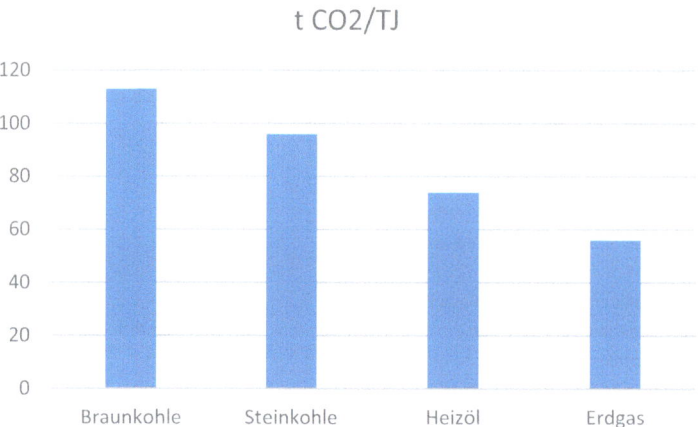

Abb. 5.3 CO_2 Ausstoß in Tonnen pro Terra Joule. (Nach UBA 2016a)

5.4 Das Erneuerbare-Energien-Gesetz (EEG)

Wie bereits in den Kapiteln zur Geschichte der Stromproduktion und explizit zum erneuerbaren Strom beschrieben, hing der ‚Erneuerbare Energien Boom' stets maßgeblich von der Setzung politischer Rahmenbedingen ab. Für Deutschland war das vor allem die Einführung des EEG bzw. seines Vorgängers, des *Stromeinspeisegesetzes* von 1991. Seine zentrale Leistung bestand darin, zum ersten Mal seit der Elektrifizierung Deutschlands den ‚Exklusivclub Stromnetz' aufzuheben. Bis dahin war der Zugang zum Übertragungsnetz für Erzeugungsanlagen, die nicht von den vier Versorgern (ENBW, RWE, Vattenfall und EON) betrieben wurden, tabu. Den VersorgerInnen gehörten zu diesem Zeitpunkt sowohl die Erzeugungseinheiten, als auch die Übertragungsnetze. Zwar bestand die Möglichkeit, als Anlagenbetreiber von erneuerbaren Energien die Netzbetreiber (und gleichzeitig Energieerzeuger) um einen Anschluss zu bitten und einen Tarif zu verhandeln; ein Anrecht darauf gab es jedoch nicht. Die meisten Anlagen mussten sich demnach über den Eigenverbrauch des erzeugten Stromes finanzieren und sind dementsprechend klein ausgefallen. Vor Einführung des Stromeinspeisegesetzes war der Bestand erneuerbarer Energieanlagen konstant niedrig. Das änderte sich nun zunehmend durch Anwendung des Gesetzes (vgl. Abb. 5.4). Es bestimmte nicht nur, dass erneuerbare Energieanlagen an das Netz angeschlossen werden mussten, sondern auch, dass der von ihnen produzierte Strom eine festgelegte Vergütung bekommen sollte. Die Vergütung war für alle Technologien gleich und betrug 16,61 Pf/kWh.

Mit in Kraft treten des EEG 2000 nahm der Ausbau zunehmend an Fahrt auf und der Zweck des Gesetzes wurde ganz klar über Klima- und Umweltschutz sowie – bei der ersten Evaluierung 2004 – eine Ökonomisierung der Energiewirtschaft definiert (§ 1 EEG 2000 S. 3, vgl. Deutscher Bundestag 2000):

5.4 Das Erneuerbare-Energien-Gesetz (EEG)

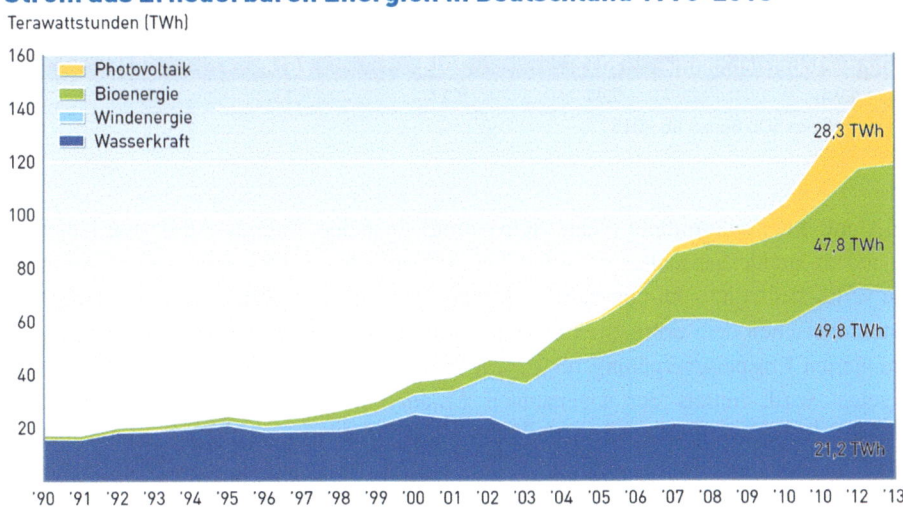

Abb. 5.4 Strom aus Erneuerbaren Energien in Deutschland 1990–2013. (Quelle: AEE 2014)

(1) „Zweck dieses Gesetzes ist es, insbesondere im Interesse des Klima- und Umweltschutzes eine nachhaltige Entwicklung der Energieversorgung zu ermöglichen, und den Beitrag Erneuerbarer Energien an der Stromversorgung deutlich zu erhöhen, um entsprechend den Zielen der Europäischen Union und der Bundesrepublik Deutschland den Anteil Erneuerbarer Energien am gesamten Energieverbrauchbis zum Jahr 2010 mindestens zu verdoppeln"

Um zu erreichen, dass erneuerbarer Strom fossilen und nuklearen Strom zunehmend verdrängen kann, wurde im EEG ein *vorrangiger Anschluss* von Erneuerbaren-Energien-Anlagen verankert. Hinzu kamen die *vorrangige Abnahme, Übertragung, Verteilung* und *Vergütung* dieses Stroms durch die (Übertragungs-) NetzbetreiberInnen sowie die Festlegung eines *bundesweiten Ausgleichs* des abgenommenen und vergüteten Stroms. Die *Einspeisevergütung* unterschied sich je nach Technologie. Sie wurde für zwanzig Jahre ab Inbetriebnahme der Anlage garantiert. Allerdings sank diese Vergütung jährlich um einen gewissen Satz (Degression). Da für den Betrieb der meisten Erneuerbaren-Energien-Anlagen im Strombereich keine Brennstoffe anfallen, handelt es sich bei den Investitionskosten fast ausschließlich um Technikkosten. Somit konnte man davon ausgehen, dass die Anlagentechnik durch zunehmende Produktionszahlen und technischen Fortschritt zügig günstiger werden würde. Durch die Degression wurde somit die Lernkurve in Wert gesetzt (vgl. Tab. 5.2).

Die Mehrkosten für den Erneuerbaren-Energien-Strom, welche anfangs gegeben waren im Vergleich zum konventionellen Strom, sollten zudem nicht aus dem Staatshaushalt

Tab. 5.2 Beispiel für Degression Wind an Land bis 2012 bis 2015, −1,5 % jährlich, plus Wegfall Systemdienstleistungsbonus (SDL Bonus) in 2015

Jahr der Inbetriebnahme	2012	2013	2014	2015
Cent/kWh	9,41	9,27	9,13	8,53*

* Wegfall des SDL-Bonus ab 2015

und somit aus Steuermitteln (echte Subvention) finanziert werden. Ansonsten hätten sie mit jedem Bundeshaushalt neu verhandelt werden müssen und man wollte stattdessen eine verlässliche und kontinuierliche Förderung. So wurde festgelegt, dass die ‚Differenzkosten' zwischen dem ermittelten Strompreis an der Börse und der jeweiligen gesetzlich garantierten Einspeisevergütung für Erneuerbare Energien auf die EndverbraucherInnen umgelegt wird, mittels der sogenannten *Erneuerbare-Energien-Gesetz-Umlage (EEG Umlage)*. Diese wurde und wird jedes Jahr von der Bundesnetzagentur ermittelt und aus einem eigens dafür angelegten Umlagekonto bezahlt. Vergütet wurde und wird nach wie vor ausschließlich die produzierte Kilowattstunde Strom. Das bedeutet, dass der Standort, an dem die meisten Kilowattstunden produziert werden können, am meisten Geld erwirtschaftet. Gerade beim Ausbau der Windenergie könnte man folgern, dass diese hauptsächlich im Norden ausgebaut würde, wo Standorte leicht zu erschließen sind und die ‚Windhöffigkeit' (=Windhäufigkeit) besonders hoch. Tatsächlich standen hier auch die ersten modernen Windräder und bis heute ist der Ausbau dort am weitesten fortgeschritten. Aus Gründen der Versorgungssicherheit und Netzstabilität, wie sie auch bereits im Kapitel Verteilung dargestellt sind, ist ein bundesweiter Ausbau notwendig. Aus diesem Grunde unterscheidet sich die Vergütungshöhe des Windstroms je nach Standort. Sie trägt damit den unterschiedlichen Erträgen und Investitionskosten Rechnung.

5.5 Exkurs: Stromhandel

Für den Handel bzw. die Preisermittlung des Stroms gibt es in Deutschland einen zentralen Handelsplatz, die Strombörse. Auch wenn hier nur 20–25 % des Handelsvolumens an Strom verkauft wird, legt sie den Preis an allen anderen Handelsplätzen fest. Der Großteil des Stromhandels in Deutschland findet über bilaterale Verträge (Erzeuger und GroßverbraucherInnen bzw. Stromhändler) meist 5–6 Jahre im Voraus statt. Man spricht hier vom sogenannten ‚Over the Counter'-Handel (OTC). An der deutschen Strombörse werden die Kraftwerke mit ihren Strommengen nach dem Preis ihrer benötigten Roh- bzw. Brennstoffe plus dem aktuellen Preis für CO_2 gelistet. Hieraus ergeben sich die sogenannten Grenzkosten. Die Einsatzreihenfolge der Kraftwerke zur Deckung des Strombedarfs beginnt also mit dem Kraftwerk, welches die geringsten Grenzkosten hat, nach der sogenannten Merit Order (Abb. 5.5). Bisher ist es so, dass die niedrigsten Rohstoffkosten auf die CO_2-lastigsten Energieträger entfallen, nämlich die Kohle

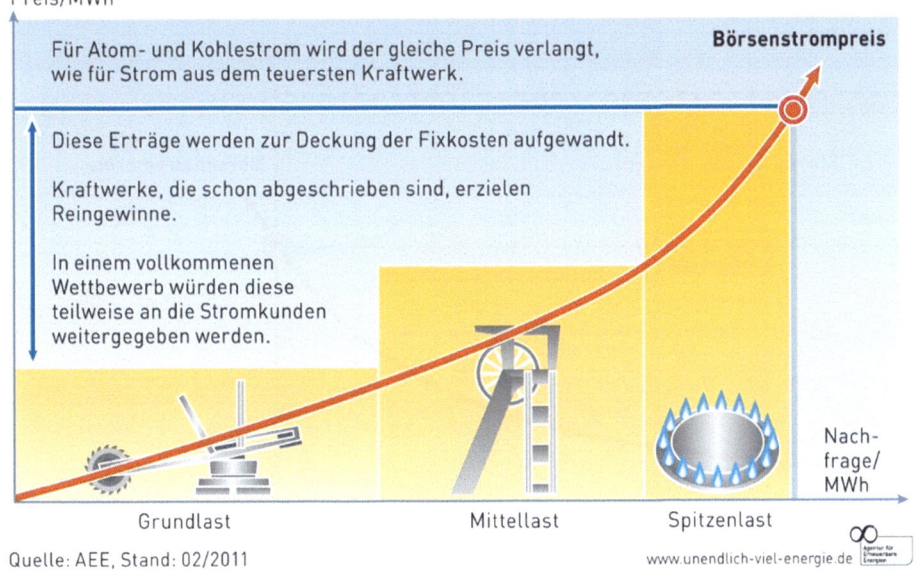

Abb. 5.5 Merit Order ohne Erneuerbare Energien, Erdgas am Ende der Nachfragekurve. (Quelle: AEE 2017c)

(vgl. Tab. 5.2). *Die höchsten Rohstoffkosten hat das CO_2-freundliche Erdgas, weshalb es unter dem Paradigma der Merit-Order, in dem nur die Grenzkosten zählen, wenig zum Einsatz kommt. Aber wenn es zum Einsatz kommt, zu sogenannten Spitzenlastzeiten, steigen die Gewinne der günstiger produzierenden Kraftwerke überproportional an. Denn vergütet wird nach dem Preis des Kraftwerks, welches als letztes produzieren muss, um die Nachfrage zu decken.*

Dieser Zustand verschärft sich durch den vorrangigen Vertrieb von Strom aus erneuerbaren Energien an der Strombörse. Die erneuerbaren Energieträger haben kaum Rohstoff- und CO_2-Kosten und zusätzlich noch Priorität an der Strombörse. Demnach stehen sie in der Merit-Order-Logik ganz zu Beginn und drängen die Gaskraftwerke noch stärker aus der Nachfragekurve.

In Abb. 5.6 offenbart sich demnach die durchschlagende Veränderung, welche in der Stromerzeugung allein durch die konsequente Anwendung der Bepreisung von CO_2 über den bereits im Kyoto-Protokoll entwickelten Mechanismus ‚Emissionshandel' möglich wäre: Die Verschiebung von der CO_2-lastigen hin zur CO_2-armen Erzeugung und somit zu einer relevanten Reduzierung der Treibhausgasemissionen. Angewendet beispielsweise auf die heutige Preissituation an der deutschen Strombörse würde das die Merit-Order komplett neu sortieren.

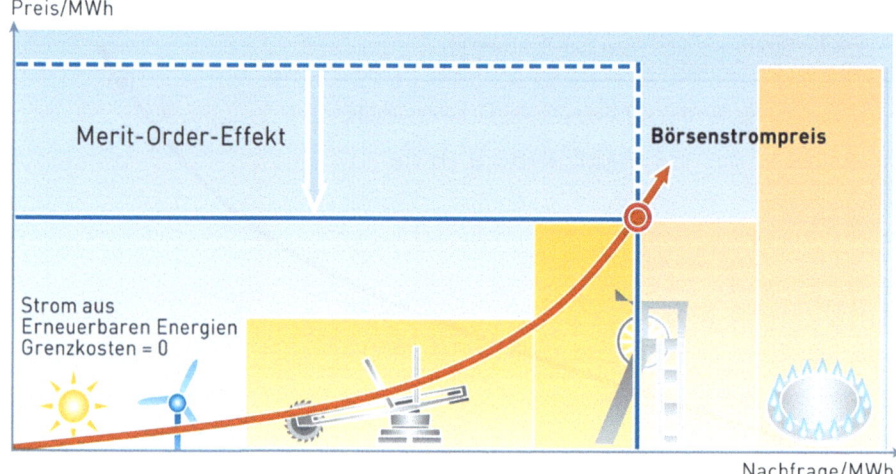

Abb. 5.6 Merit-Order mit Erneuerbaren Energien, Erdgas außerhalb der Nachfragekurve. (Quelle: AEE 2017d)

Das EEG wurde – wie ursprünglich vorgesehen – mehrfach evaluiert, und es wurden Rahmenbedingungen und Fördersätze verändert, was sich bis vor ein paar Jahren positiv auf die Ausbauzahlen und damit auch auf CO_2-Einsparungsziele auswirkte (vgl. Abb. 5.7).

Im Zuge der unterschiedlichen Evaluationen bzw. Fortschreibungen entfernte sich das EEG nach und nach von seinen simplen und einleuchtenden Grundprinzipien zur Förderung des Ausbaus. Ein ganz entscheidender Eingriff ging mit der Evaluation 2009 einher. Es wurde die sogenannte *physische Wälzung* – die Echtzeitübermittlung des Erneuerbaren Energie-Stroms an die EnergieversorgerInnen – aufgehoben. Sie war dazu gedacht, dem Strom aus erneuerbaren Vorrang zu geben, sodass bei Verfügbarkeit freier Ressourcen fossile und nukleare Ressourcen eingespart werden konnten. An ihre Stelle trat die *Verordnung zur Weiterentwicklung des bundesweiten Ausgleichsmechanismus (AusglMechV)*. Bis dahin waren die Energieversorgungsunternehmen (EVU) verpflichtet, den eingespeisten erneuerbaren Energie-Strom in ihr Vertriebsportfolio zu integrieren. Die Mehrkosten bekamen sie aus dem EEG-Umlagekonto erstattet. Beim Vertrieb des EEG-Stroms nach AusglMechV und damit durch die Übertragungsnetzbetreiber an der Strombörse wurde diese gesamte Dienstleistung aus dem EEG Konto vergütet. Die EEG-Umlage stieg als Folge hiervon stark an (Abb. 5.8).

5.5 Exkurs: Stromhandel

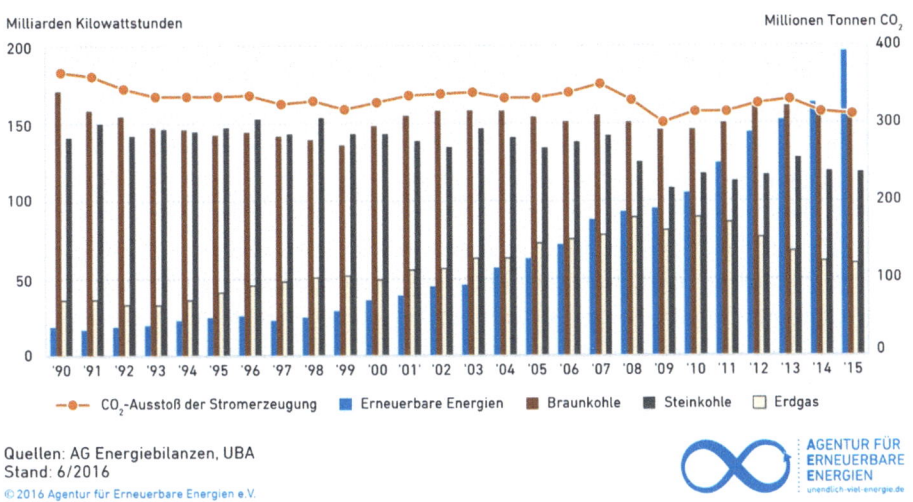

Abb. 5.7 Stromerzeugung aus fossilen und erneuerbaren Energien in Deutschland. (Quelle: AEE 2017e)

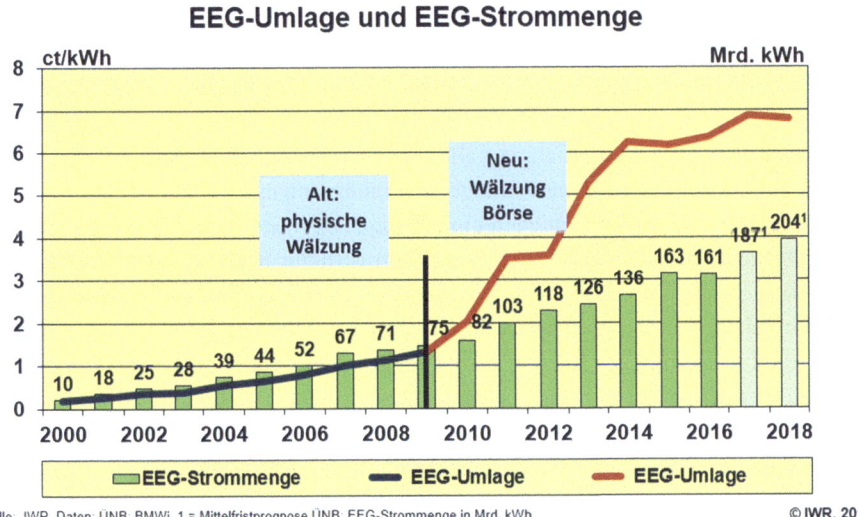

Abb. 5.8 Entwicklung EEG-Umlage und Strommenge vor und nach Änderung des Wälzungsmechanismus in 2009. (Quelle: IWR 2018)

Getrieben wurde dieser Anstieg sehr stark durch das steigende Angebot von erneuerbarem Strom an der Börse. Durch die Anwendung des Merit Order-Prinzips kam es zu einem Preisverfall, denn die teuren Kraftwerke wurden – wie bereits beschrieben – immer weniger nachgefragt. Die Differenz zwischen Einspeisevergütung und Einkaufspreis an der Börse erhöhte sich, was entsprechend die Umlage ansteigen ließ. Es gilt also: *Je mehr erneuerbarer Energiestrom an der Börse eingestellt wird, desto geringer ist der Börsenpreis.* Davon profitieren VersorgerInnen und Industrie, die direkt an der Strombörse einkaufen können und darüber hinaus von der EEG-Umlage befreit sind. Der Strompreis für die EndverbraucherInnen steigt durch die erhöhte Umlage und die Tatsache, dass sie nicht direkt an der Strombörse einkaufen können. Die Preisdifferenz verstärkte sich durch weitere Entwicklungen neben dem zunehmenden Ausbau, wie etwa die Einführung der Direktvermarktung über einen Drittanbieter anstelle über die ÜbertragungsnetzbetreiberInnen. Änderungen bei der Förderung der Fotovoltaik, wie etwa dem Wegfall einiger Freiflächentypen, sowie mehrerer außerplanmäßiger Vergütungsminderungen und Volumenbeschränkungen, führten zu einer Verlangsamung des Ausbaus, sowie Firmenschließungen und Entlassungswellen. Beschränkungen im Ausbauvolumen bei Bio- und Windenergie hatten ähnliche Folgen, sowie der Wechsel vom Einspeisetarif- hin zum Ausschreibungsmodell in 2016. Innerhalb der Ausschreibungen wird nur noch ein bestimmtes Volumen zugelassen, welches die ursprünglichen EEG Privilegien genießen kann. Entscheidend ist für den Zuschlag allerdings nur der Preis, also der niedrigste Preis. Die Reduzierung des angebotenen Volumens um etwa die Hälfte der jüngsten Ausbauzahlen im Bereich Wind und Fotovoltaik führt zu einer Unterschreitung der Ausbau- und folglich der Klimaschutzziele. Hinzu kommt, dass ab 2021 für die ersten Anlagen die ursprüngliche EEG-Förderung ausläuft und eine Weiterfinanzierung somit nicht geklärt ist. Ein Ersetzen der alten Anlagen, durch wenigere und leistungsstärkere moderne Anlagen am gleichen Standort, das sogenannte Repowering (Abb. 5.9), scheidet ebenfalls oft aus, da der Standort komplett neu ausgewiesen und genehmigt werden muss.

Oft haben sich zwischenzeitlich, vor allem bei der Windenergie, neue, schützenswerte Tierarten angesiedelt, welche einer Baugenehmigung entgegenstehen. Vielerorts gibt es zudem veränderte Abstandsregelungen einzuhalten. So gehen ins System integrierte, gut akzeptierte Standorte mit bereits bestehender Infrastruktur nach und nach verloren (vgl. Abb. 5.10).

Zur Erreichung der Klimaschutzziele ist nach Quaschning 2016 und anderen[1] eine zügige Decarbonisierung des Energiesektors bis 2040 notwendig (vgl. Abb. 5.11). Zudem rechnen mittlerweile viele mit einer Erhöhung des Strombedarfs durch Sektorenkopplung, also die Übernahme von Energiebereitstellung im Bereich Wärme und Mobilität durch den Strombereich. Um dieses Ziel erreichen zu können, müsste sich laut Quaschning 2016 das Ausbautempo der erneuerbaren Energien um den Faktor vier bis fünf steigern.

---

[1] Z.B. Fraunhofer IWES/IBP (2017); Nitsch (2016); Wuppertal Institut (2015).

5.5 Exkurs: Stromhandel

Abb. 5.9 Repowering – das Ersetzen alter Anlagen durch weniger und dafür leistungsstärkere Anlagen. (Quelle: BWE 2018a)

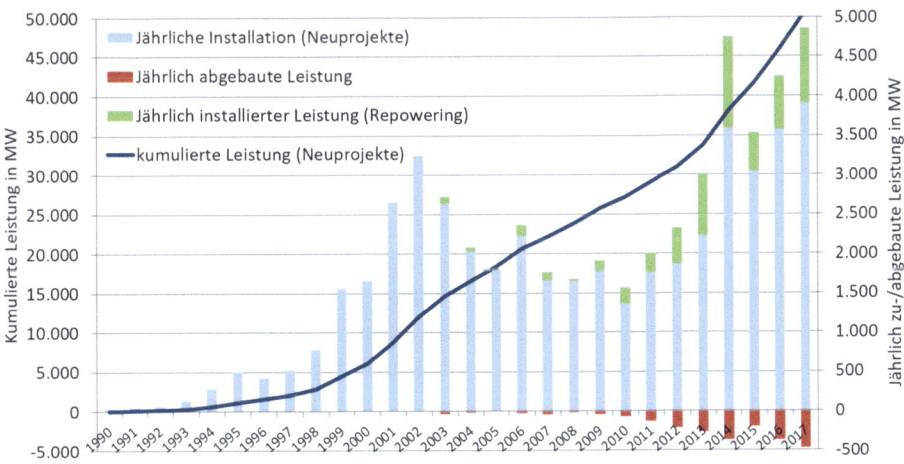

Abb. 5.10 Verhältnis Zubau – Repowering – Wegfall von Windleistung. (Quelle: BWE 2018b)

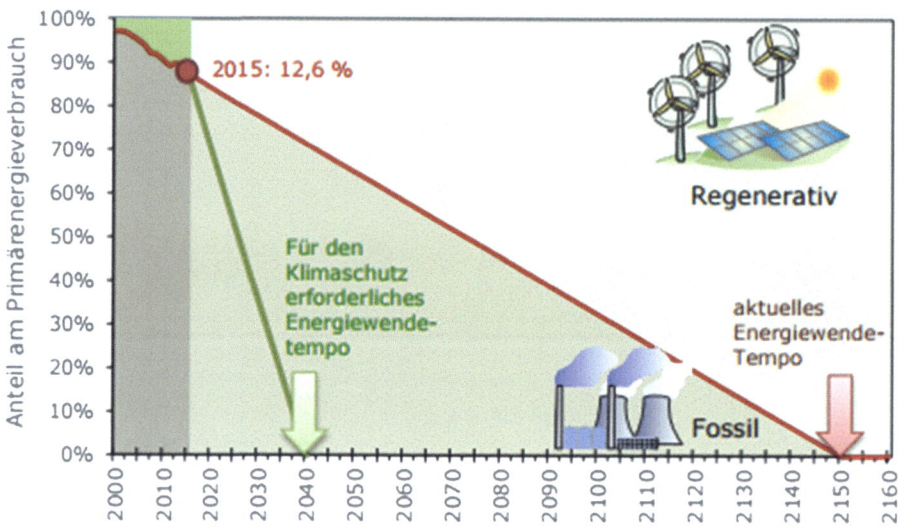

Abb. 5.11 Erreichung des 1,5° Ziels und die benötigte Geschwindigkeit beim Ausbau. (Quelle: Quaschning 2016, S. 6)

Während die Bundesregierung bei einer ersten Überprüfung zur Umsetzung des Aktionsprogramms Klimaschutz 2020 zur Erkenntnis kam, dass die Minderungsziele des Pariser Abkommens erreicht würden, war das Umweltbundesamt schon früh kritisch. „Eine erste Schätzung des UBA zeigte für das Jahr 2015 jedoch wieder einen leichten Anstieg der Treibhausgas-Emissionen […] Nach derzeitigem Stand ist die Zielerreichung nicht gesichert" (UBA 2016b, c). Das gestand auch die Bundesregierung 2018 ein, indem sie die Erreichung der Klimaschutzziele auf den zweiten Meilenstein 2035 verschoben hat.

5.6 Zusammenfassung

Nicht allein die Endlichkeit der fossilen und nuklearen Ressourcen treibt den Umbau in der Energiewirtschaft hinzu erneuerbaren Ressourcen an. Es sind maßgeblich die Probleme assoziiert mit dem Klimawandel, welche die Weltgemeinschaft zügig an einer Dekarbonisierung der Energiewirtschaft arbeiten lässt. Der Startschuss zu einer verbindlichen Reduktion der Treibhausgasemissionen wurde auf dem Erdgipfel in Rio bereits 1992 gegeben; allerdings erst in Form des Kyotoprotokolls 1997 in ein Vertragswerk gegossen. Seither steht die Erreichung des sogenannten 2° Ziels an erster Stelle im Klimaschutz. Es besagt, dass die durchschnittliche Welttemperatur nicht mehr als um 2° ansteigen darf, Bezugspunkt ist vor Beginn der Industrialisierung. Während sich die Mitgliedsländer bei der Umsetzung der Ziele aus dem Kyotoprotokoll sehr schwer taten, verspricht die Erneuerung des internationalen Commitments zum Klimaschutz auf der Klimaschutzkonferenz 2015 in Paris, eine strengere Auslegung und eine Schärfung der Klimaschutzinstrumente. Im Zuge des Zustandekommens dieses völkerrechtlich bindenden Vertrages, wurde unter anderem das 2°-Ziel auf 1,5° korrigiert. Jedes Land erstellt Klimaschutzpläne zur Umsetzung seiner Reduktionsziele, welche nicht mehr starr sind, sondern kontinuierlich progressiv fortgeschrieben werden. Ein unabhängiges, überstaatliches Gremium kontrolliert die Fortschritte. Dass aufgrund des weitreichenden internationalen Commitments weder die EU noch Deutschland seine Zielsetzungen zum Ausbau der Erneuerbaren und zur Erhöhung der Energieeffizienz nicht nach oben korrigiert bleibt schleierhaft. Mehr noch: die Verfehlung der Energieziele wird in Deutschland billigend hingenommen, der Zubau wird begrenzt und die Fördermechanismen zu Ungunsten der Ausbauzahlen verändert.

Literatur

AEE – Agentur für Erneuerbare Energien (2014). Strom aus Erneuerbaren Energien in Deutschland 1990–2013. http://unendlich-viel-energie.de/mediathek/grafiken/entwicklung-der-stromerzeugung-aus-erneuerbaren-energien. Zugegriffen: 20. Oktober 2014.

AEE – Agentur für Erneuerbare Energien (2017a). Strompreisentwicklung und Bestandteile für Haushalte, Gewerbe und Industrie. https://www.unendlich-viel-energie.de/mediathek/grafiken/entwicklung-der-strompreise-von-haushalten-und-industrie. Zugegriffen: 14. Januar 2017.

AEE – Agentur für Erneuerbare Energien (2017b). Anteil der erneuerbaren Energien am Endenergieverbrauch. https://www.unendlich-viel-energie.de/media/image/7151.EE-Anteile-Energieverbrauch_Aug16.jpg. Zugegriffen 03.04.2017.

AEE – Agentur für Erneuerbare Energien (2017c). Merit Order ohne erneuerbare Energien, Erdgas am Ende der Nachfragekurve. https://www.unendlich-viel-energie.de/media/image/4895.AEE_Merit-Order-Effekt_Feb11.jpg. Zugegriffen 03. April 2017.

AEE – Agentur für Erneuerbare Energien (2017d). Merit Order mit Erneuerbaren Energien, Erdgas außerhalb der Nachfragekurve. https://www.unendlich-viel-energie.de/media/image/4893.AEE_Entstehung_Boersenstrompreis_Feb11.jpg. Zugegriffen 03. April 2017.

AEE – Agentur für Erneuerbare Energien (2017e). Stromerzeugung aus fossilen und erneuerbaren Energien in Deutschland. https://www.unendlich-viel-energie.de/media/image/6386.AEE_CO2-Emissionen_Strommix_jun16.jpg. Zugegriffen: 20. Februar 2017.

BWE – Bundesverband Windenergie e.V. (2018a). BWE Infografik Repowering. https://www.windenergie.de/fileadmin/redaktion/dokumente/publikationen-oeffentlich/themen/04-politische-arbeit/04-weiterbetrieb-repowering/bweinfografik-repowering-170330-web.pdf. Zugegriffen 21. April 2019.

BWE – Bundesverband Windenergie e.V. (2018b). BWE Vortrag Infografik: Landesverbandssitzung Rheinland-Pfalz/Saarland. Simmern 2017 – unveröffentlicht.

Deutscher Bundestag (2000). Entwurf eines Gesetzes zur Förderung der Stromerzeugung aus erneuerbaren Energien (Erneuerbare-Energien-Gesetz – EEG) sowie zur Änderung des Mineralölsteuergesetzes. Drucksache 14/2776. 14. Wahlperiode 23. 02. 2000. Bonn: Bundesanzeiger Verlagsgesellschaft mbH.

Fraunhofer IWES/IBP (2017). Wärmewende 2030. Schlüsseltechnologien zur Erreichung der mittel- und langfristigen Klimaschutzziele im Gebäudesektor. Studie im Auftrag von Agora Energiewende.

Generaldirektion Kommunikation der Europäischen Kommission (2016). Klimapolitik. Zielvorgaben – Triebfeder für grünes Wachstum. https://europa.eu/european-union/topics/climate-action_de. Zugegriffen: 20. November 2016.

Hook, S. (2018). Von internationalen Klimaabkommen bis zum deutschen Erneuerbaren-Energien-Gesetz – In Kühne und Weber [Hrsg.]: Bausteine der Energiewende: 21–54. Springer VS. Wiesbaden.

IWR – Internationales Wirtschaftsforum Regenerative Energien (2018). Entwicklung EEG-Umlage und Strommenge vor und nach Änderung des Wälzungsmechanismus in 2009. https://iwr-institut.de/de/presse/presseinfos-energiewende/erneuerbare-energien-werden-subventioniert-staat-zahlt-keinen-cent. Zugegriffen: 27. Oktober 2018.

Nitsch, J. (2016). Kurzstudie für den BEE: Die Energiewende nach COP 21 – Aktuelle Szenarien der deutschen Energieversorgung. Stuttgart.

Quaschning, V. (2016). Sektorkopplung durch die Energiewende. Anforderungen an den Ausbau erneuerbarer Energien zum Erreichen der Pariser Klimaschutzziele unter Berücksichtigung der Sektorkopplung. Berlin: Hochschule für Technik und Wirtschaft.

UBA – Umweltbundesamt (Hrsg.). (2016a). CO_2-Emissionsfaktoren für fossile Brennstoffe. CLIMATE CHANGE 27/2016. Dessau-Roßlau.

UBA – Umweltbundesamt (2016b). Klimaschutzziele Deutschlands. https://www.umweltbundesamt.de/daten/klimawandel/klimaschutzziele-deutschlands#textpart-5. Zugegriffen: 10. März 2017.

UBA – Umweltbundesamt (Hrsg.). (2016c). UBA Position zum Klimaschutzplan 2050 der Bundesregierung – Beitrag zur Diskussion im Rahmen des Erstellungsprozesses. Dessau-Roßlau.

UBA – Umweltbundesamt (Hrsg.). (2017). Klimaschutz im Stromsektor 2030 – Vergleich von Instrumenten zur Emissionsminderung. Dessau-Roßlau.

Wuppertal Institut für Klima, Umwelt, Energie (Hrsg.). (2015). Wege zu einer weitgehenden Dekarbonisierung Deutschlands. DE 2015 Report.

Fazit   6

Ein Umdenken im Bereich Energiewirtschaft von der Nutzung nicht erneuerbarer Quellen, hinzu erneuerbaren und damit unendlichen Quellen ist gesellschaftlicher Konsens und Megatrend des 21. Jahrhunderts. Die Notwendigkeit ergibt sich zum einen aus der Rohstoffverknappung weltweit und auf Deutschland bezogen, aus der generellen Rohstoffarmut im Bereich fossiler und nuklearer Ressourcen und damit einer sehr hohen Importabhängigkeit. Zunehmend wichtiger werden allerdings, die mit unserer bisherigen Energieversorgung eindeutig assoziierten Probleme der Umweltzerstörung und insbesondere des Klimawandels. Beide bedingen einander unauflöslich, wie der gerade auch der Sommer 2018 mit Böschungs- sowie Moorbränden und den fast schon üblichen Starkregenereignissen eindrucksvoll demonstriert hat. Während Weltmächte wie die USA den Klimawandel und seine spürbaren Folgen wieder infrage stellen und auf eine verstärkte Nutzung fossiler Energiequellen drängen, sieht doch ein Großteil der Weltgemeinschaft die Dringlichkeit ihm entgegen zu wirken. Laut internationaler Beschlüsse ist Kernstück dieser Bemühungen die Energiewirtschaft. Die Ziele und Meilensteine hierfür sind bis auf die nationalen und in Deutschland zum Großteil bis auf die lokalen Ebenen runter gesetzt bzw. definiert, eine prinzipielle Energiewende ist auf dem Weg und zwar mit starkem dezentralem Fokus. Der Ausbau von Erneuerbaren Energien wird in allen drei Energiebereichen – Strom, Wärme, Mobilität – getrennt voneinander gefördert und gefordert. Während die Ausbauzahlen in der Wärme und Mobilität seit langem auf einem sehr geringen Niveau stagnieren, boomt der Ausbau im Strombereich durch das grundlegende Gesetzeswerk Erneuerbare-Energien-Gesetz nach wie vor. Allerdings musste dieses erfolgreiche Klimaschutzinstrument gerade in jüngster Zeit viele gravierende Veränderungen hinnehmen, welche die Ausbau- und damit die Klimaschutzziele unerreichbar machen. Die gesetzlichen Veränderungen, welche den weiteren Ausbau, sowie den Weiterbetrieb oder das Repowering bestehender Anlagen stark einschränken, werden oft mit der Begründung fehlender wirtschaftlicher und technischer Machbarkeit geführt. Die Anlagentechnologien aller erneuerbaren Bereiche sind jedoch längst zuverlässig und leistungsstark genug, um eine Energieversorgung – vor allem aus der Stromversorgung heraus – mit freien bzw. erneuerbaren Ressourcen zu gewährleisten. Es fehlt eher am politischen Durchsetzungswillen, was weder der Dringlichkeit entspricht, noch vor dem Hintergrund internationaler Klimaschutzvereinbarungen oder unter dem Aspekt der Wertschöpfung im Land, vor allem in Form von sicheren Arbeitsplätzen, verständlich ist. Die Stärke der ‚alten Energiemächte' aus zentraler fossiler und atomarer Versorgungswirtschaft, werden in diesem politischen Handeln sehr deutlich, bis zur Stunde – wie bereits viele AutorInnen eindrucksvoll beschrieben haben (z. B. Alt 2002; Kempfert 2013, 2017; Kreuzberg 2014; Quaschning 2016). Vor dem Hintergrund freier Ressourcen, volkswirtschaftlicher Vorteile und vor allem der Erhaltung unserer Lebensqualität ist dieses Handeln längst nicht mehr zu verantworten. Dieses Buch soll beitragen ein grundsätzliches Verständnis für die Notwendigkeit einer regenerativen Energiewirtschaft zu schaffen, Polemik und Propaganda zu identifizieren und sachlich wie fachlich zu widerlegen. Vor allem soll es Mut machen auch kleine Schritte in dieser komplexen Situation zu gehen, denn es ist die Summe der Veränderungen, die nachhaltig verändert. Wir müssen uns wegbewegen von dem gedanklichen Ideal des naturwissenschaftlich geprägten Verständnisses, dass es – hat man nur gut genug die Problemlage analysiert – *eine allumfassende* Lösung gibt. Das Zusammenfügen – die Synergie – vieler kleiner dezentraler Lösungen bei der Energiewende, beweist tatsächlich das Gegenteil.

Für mich als Ökologin und passionierte Tierschützerin sind die Erneuerbaren Energien deshalb so ein befriedigendes Wirkungsfeld, da wir hier tatsächlich über Lösungen verfügen ohne auf irgendetwas zu verzichten. Im Gegenteil wir bekommen sogar Wohlstand und eine sauberere Umwelt als Kollateral Gewinn dazu! Das gibt es im Tierschutz so nicht. Will ich beispielsweise Quälen und Töten beenden, sollte ich möglichst nicht mehr motorisiert unterwegs sein und zudem VeganerIn. Wobei auch hier der Mut zu kleinen Schritten wichtig ist, wie etwa mehr Zug denn Auto fahren, sowie öfter mal auf Fleisch- und Milchprodukte verzichten. Das hilft sogar dem Klimaschutz in Synergie! Denn schließlich hängt alles zusammen.

Literatur

Alt, F. (2002). Krieg um Öl oder Frieden durch die Sonne. Riemann One Earth Spirit. München.
Kempfert, C. (2013). Kampf um Strom. Mythen, Macht und Monopole Taschenbuch. Murmann Verlag GmbH. Hamburg.
Kempfert, C. (2017). Das fossile Imperium schlägt zurück. Warum wir die Energiewende jetzt verteidigen müssen. Murmann Verlag GmbH. Hamburg.
Kreutzfeldt, M. (2014). Das Strompreis-Komplott. Warum die Energiekosten wirklich steigen und wer dafür bezahlt. Droemer/Knaur. Knaur TB.
Quaschning, V. (2016). Sektorkopplung durch die Energiewende. Anforderungen an den Ausbau erneuerbarer Energien zum Erreichen der Pariser Klimaschutzziele unter Berücksichtigung der Sektorkopplung. Berlin: Hochschule für Technik und Wirtschaft.

A Klausurfragen

1. Definitionen und Begriffe

1. Welches sind die relevanten Energiebereiche und wofür wird die meiste Energie benötigt?
2. Definieren Sie Energiewirtschaft!
3. Definieren Sie Energieträger, unterscheiden Sie hierbei in Primär- und Sekundärenergieträger!
4. Wie hoch ist die Importabhängigkeit Deutschlands bei den fossilen und nuklearen Energieträgern?
5. Unterscheiden sie Ressource und Reserve und geben ein Beispiel!

2. Beschaffung von Energie

1. Beschreiben Sie kurz die Entstehung von Erdöl bzw. Erdgas!
2. Was versteht man unter konventionellen und nicht konventionellen Vorkommen von Erdöl und Erdgas?
3. Welche Probleme entstehen bei der unkonventionellen Gewinnung von Erdgas durch „Fracking"?
4. Probleme bei der Erdölförderung (Stichpunkte)?
5. Auf welche Weisen wird Erdgas transportiert?
6. Warum ist Erdgas als Energieträger so spannend (Stichpunkte)?
7. Beschreiben Sie kurz die Entstehung von Kohle!
8. Schildern Sie stichpunktartig die Probleme des Tage- und Untertagebaus!
9. Warum ist Kohle als EnergieträgerIn so attraktiv?
10. Wo wurde in Deutschland kommerziell Uran abgebaut?
11. Wo wird heute Uran abgebaut und welche Probleme sind hiermit verbunden?
12. Warum kann man bei der Nutzung der Kernenergie nicht von CO_2 freier und sauberer Energie sprechen?

13. Schildern Sie stichpunktartig welches die erneuerbaren Energieträger sind!
14. Wie steht es um die Verfügbarkeit der Erneuerbaren Energieträger im Allgemeinen und in Deutschland im Besonderen? Wie lässt sich ihre Verfügbarkeit abschätzen?
15. Schildern sie stichpunktartig die Probleme bei der Beschaffung erneuerbarer Energieträger?

3. Umwandlung von Energie

1. Welche Arten der Stromentstehung kennen Sie – beschreiben Sie diese?!
2. Was entsteht schwerpunktmäßig bei der konventionellen Stromproduktion?
3. Wie steht es um die energetische Amortisation der Stromerzeugung?
4. Wie unterscheidet sie sich von der wirtschaftlichen Amortisation?
5. Welche Rolle spielen die sogenannten Volllaststunden beim Energieertrag und was beschreiben sie?
6. Stellen sie Funktionsweise und Vorteile eine GuD Kraftwerkes dar!
7. Wie lässt sich der Prozess „Strom durch Wärme" energetisch optimieren?
8. Schildern sie kurz die Funktionsweise von Laufwasserkraftwerken!
9. Wo liegt der Unterschied zwischen Speicher- und Pumpspeicherkraftwerken?
10. Nach welchem Prinzip funktioniert die Stromerzeugung mittels Tiefengeothermie?
11. Beschreiben sie den Prozess der kerntechnischen Stromgewinnung!
12. Wie ist das Thema Kernenergie gesetzlich verankert?
13. Wie wird der Ausstieg in Deutschland vonstatten gehen?
14. Welches nukleare Forschungsprojekt verschlingt seit den 1950er Jahren Milliarden Forschungsgelder der europäischen Gemeinschaft und warum?
15. Wie wird Erdöl aufbereitet zum Verbrauch?
16. Wie funktionieren die meisten Heizungssysteme?
17. Welche EE Quellen bestimmen den Wärmebereich?
18. Warum ist Holznutzung in Deutschland so sinnvoll?
19. Welche Arten der Holznutzung gibt es im Bereich Wärme?
20. Beschreiben Sie die Prozesse der geothermalen Wärmenutzung!
21. Funktionsweise einer Solarthermieanlage?
22. Wie funktioniert die Stromherstellung mittels Sonnenenergie (2 Möglichkeiten)?
23. Welche Komponenten besitzt eine Fotovoltaikanlage?
24. Welche Aufgaben übernimmt ein Wechselrichter?
25. Welchen Einfluss haben Globalstrahlung, Neigungswinkel und Ausrichtung auf die FV Anlage?
26. Kurzer geschichtlicher Abriss über Windenergie!
27. Technischer Fortschritt bei Nutzung Windenergie bis dato!
28. Wie viel Wind kann theoretisch genutzt werden (im entfernten Sinne Wirkungsgrad)?
29. Warum war GROWIAN ein Flop?

30. Funktionsweise Windenergieanlage!
31. Welche Faktoren beeinflussen den Ertrag einer Windenergieanlage?
32. Was versteht man unter Rauigkeit?
33. Hauptwindrichtung in Deutschland und Konsequenzen für die Windplanung?
34. Was bedeutet Flächensicherung bei der Planung von Windenergieprojekten?
35. Wie werden Bioenergiekraftwerke zur Stromerzeugung meistens betrieben?
36. Was wird nach BImSchG bei Windplanungen berücksichtigt?
37. Wer bestimmt über Windplanung Onshore und wie?
38. Was versteht man unter Repowering?
39. Definieren Sie Bioenergie!
40. Vorteile Bioenergie gegenüber anderen erneuerbaren Trägern?
41. Wie funktioniert ein Biomasseheizkraftwerk und welche Substrate werden benötigt?
42. Was ist Biogas und wie entsteht es?
43. Wie funktioniert eine Biogasanlage?
44. Welche Formen von Biogasanlagen gibt es im Bezug auf Vergütung bzw. Größe?
45. Wie kommt die Verflechtung von Maismonokulturen und Biogasanlagen zustande?
46. Wofür werden landwirtschaftliche Flächen in Deutschland schwerpunktmäßig genutzt?
47. Entkräften sie die Tank-Teller Argumente!
48. Alternative Kraftstoffe und Anwendung?
49. Was versteht man unter Biomassenachhaltigkeitsverordnung?
50. Worauf wird die Biomassenachhaltigkeitsverordnung angewendet und worauf nicht?

4. Verteilung von Energie

1. Wie werden Kraftstoffe hauptsächlich verteilt?
2. Wie ist die Stromversorgung in Deutschland organisiert?
3. Welche Spannungsebenen gibt es und welchen Strom transportieren sie schwerpunktmäßig?
4. Wie funktioniert unser Stromnetz bisher schwerpunktmäßig?
5. Was bedeutet der eher dezentrale Ausbau der Erneuerbaren Energien für die Stromnetze?
6. Wer betreibt Übertragungs- und wer Verteilnetze?
7. Wieso lassen sich die Erneuerbaren Energien hier nur mäßig integrieren?
8. Was umschreibt der Begriff der Systemdienstleistungen im Stromnetz?
9. Wie steht es um die im EEG festgesetzte vorrangige Einspeisung der EE und deren reale Umsetzung?
10. Was unterscheidet das Stromnetz vom Gasnetz im Bezug auf Speicherkapazität?
11. Welche Lösungsansätze für die Speicherproblematik gibt es im Paradigma der dezentralen EE Versorgung bisher?
12. Welche neuen Technologien werden diskutiert und erforscht?

13. Beschreiben Sie kurz das Power to Gas Konzept und bewerten sie es!
14. Äußern Sie sich kurz zu Beschäftigungseffekten der Erneuerbaren Energien!
15. Wem gehören die konventionellen und wem die erneuerbaren Erzeugungskapazitäten?

5. Klimawandel und Paradigmenwechsel in der Energiewirtschaft

1. Was bedeutet Nachhaltigkeit?
2. Welche Auswirkungen zeigt der Klimawandel in Deutschland bisher?
3. Welche Klimaschutzmaßnahmen wurden bisher schwerpunktmäßig ergriffen?
4. Was bedeutet 2 bzw. 1,5° Ziel?
5. In welchem Bereich werden diese Maßnahmen schwerpunktmäßig umgesetzt und mit welchen Gesetzesgrundlagen in Deutschland?
6. Welches ist das erfolgreichste Gesetz bisher?
7. Was regelt das EEG?
8. Wie wirkt/e es sich auf den Ausbau der Erneuerbaren Energien aus (Deutschland und Welt)
9. Unterscheiden Sie Förderung und Subvention im Bezug auf Erneuerbare Energien!
10. Was bedeutet EEG Umlage?
11. Erklären Sie die Entstehung des Strompreises an der Börse und die Auswirkungen der EE auf den Strompreis!
12. Welche Verbrauchergruppe profitiert in Deutschland am meisten vom Erneuerbaren Energien Ausbau im Strombereich und warum?
13. Welche tiefgreifende Änderung beinhalte die EEG Novelle 2016 und warum ist das nicht sinnvoll?

The manufacturer's authorised representative in the EU is Springer Nature Customer Service Centre GmbH, Europaplatz 3, 69115 Heidelberg, Germany. If you have any concerns regarding our products, please contact ProductSafety@springernature.com

Printed and bound by CPI Group (UK) Ltd, Croydon, CR0 4YY

23/03/2026
02076396-0020